台味點心50選

我的幸福糕餅鋪

Taiwan pastry

張尊禎◎著

目次

品味篇

遍嚐台灣糕餅好滋味　46

拜訪篇

糕餅見學DIY　200

推薦序一

台灣味道．在地特色

俗話說：「富過三代，才懂穿衣吃飯。」意思是說，累積三代的富裕享受之後，才會真正了解吃的藝術與穿的品味。台灣糕餅歷經時代變遷，從原本平凡無奇的零嘴、特定時節才會出現的民俗祭品，不斷改良成為具有地方特色的精緻小點，只可惜仍有許多人不知道這些點心的來由，甚至連名字都叫不出來。

我常強調台灣觀光要永續發展，不能只仰賴台灣遊客，一定要吸引外來旅客，讓他們見識台灣味道、在地特色。台灣糕餅的豐富滋味，很有機會成為觀光客來台旅遊的諸多誘因之一，其背後豐富的文化意涵、民俗經典與造型美學，更可能作為跨產業領域的創意發想來源。

近年台灣很流行的伴手禮——鳳梨酥，由於將中式口味與西方技術巧妙結合，連西方人也能接受，早期的鳳梨酥外皮較硬，近幾年糕餅師傅引進西式烘焙方法，將用油從豬油改成西點常用的無水奶油，再用西式模具做造型，使鳳梨酥嚐起來更香酥，外形也更精緻。

這是傳統點心大膽融入新技術，讓傳統風味展現魅力的成功範例之一。我相信不只是傳統糕餅、美食可以作這樣的創新，只要能了解自身文化的珍貴，再加以重新包裝、詮釋，就能找到源源不絕的文化創意。

很榮幸能搶先讀者看到這本書，對於作者研究探索傳統糕餅的用心，深感佩服。這本書用精美的設計，生動易懂的內容，及對台灣民俗深入的介紹，除了對台灣的餅鋪做了完整的篩選推薦，也把台灣的移民社會的演進，透過最傳統的糕餅，做了精美的記述。台灣具有許多感動人的元素值得追尋，從台灣糕餅的美味與記憶出發，我相信是了解自身珍貴文化的美好起步。

嚴長壽

（嚴長壽，作家，公益平台文化基金會董事長）

推薦序二

糕餅的時光滋味

看著這本書，彷彿走上糕餅時光的旅程，一站一站的糕餅風景通通浮上心頭，口裡也充滿各種幽微的滋味。冰冰的鳳眼糕、酥滑的綠豆糕、清香軟黏的紅片糕、鬆口甘潤的黑糖糕……，面對所有的糕餅記憶，才恍然大悟自己一生何其有幸，吃過那麼多好滋味的糕餅。

童年時跟著阿嬤返鄉，台南的舊來發、萬川號的古早味漢餅和水晶餃的滋味，讓我留下了難忘的又鹹又甜的記憶。也常跟著阿嬤去基隆的李鵠餅店買綠豆椪，而父親從台中出差回家，帶回來的太陽餅總是早餐的最愛，青少年時期起在台灣各地旅行，總不忘嚐嚐當地著名的特色餅食，豐原的老雪花齋、鹿港的玉珍齋、高雄的舊振南、台中的犁記也因此成為記憶中的滋味。如今，每到一地，總想回味各家餅店的滋味，即使已經不像年輕時那麼愛吃甜食的我，到了淡水，到了大稻埕，總是忍不住走近三協成、龍月堂，就是想藉著糕餅找回逝去的時光滋味。

這是一本看來有趣，也可以想像作者寫作過程也一定有趣的書，幾乎羨慕起作者跑遍了台灣的大城小鎮，到處尋訪堅持做好滋味的餅店，問出許多珍貴的人情故事與技術撇步，這些豐富的文化才得以流傳。

《我的幸福糕餅鋪》（原名《台灣糕餅50味》），顯現了台灣有多富有的文化創意產業的資源，不過是米、麵粉、糖、水果、肉等等日常食材，竟然能變化出如此精巧細緻的糕餅，真希望台灣有一處地方，就像國際機場這樣的地方，能設一個如糕餅博物館般的販售場所，讓大家一次看盡各種伴手禮。

韓良露

（韓良露，作家）

推薦序三

遇見美好的台灣

本書是對古來台灣代表性糕餅及糕餅師的致敬之作，但並不只如此而已。她引領讀者品賞香甜鹹酥之外的深味，發現老糕餅歷經歲月烘焙，揉和著風土人情與夢想創意，幾乎可看作活生生的常民文化「古蹟」。

從字裡行間的熱情，感覺到作者更樂於分享遇見美好台灣的另類角度——從層次綿密、滋味細緻的糕餅，肯定台灣自有飲食美學傳統；也從糕餅在四季節慶、人際往來上繁忙的演出，欣賞台灣人精采豐富的生活舞台。

為了適應新時代，各種糕餅從製作到包裝、行銷都不斷變化，堅持傳統的同時也努力尋求新生。透過五年研究考據和調查採訪，作者嚐出糕餅真正的「內餡」是台灣獨特的生命力，她希望有更多人也能吃得出來，並把這份生命力傳承下去。

雖說如此，但本書並非嚴肅論述，作者文字輕快親切，輔以大量實物圖片，又料到讀者也許會邊讀邊冒口水，所以每篇邊欄仔細附加買餅指南，買餅指南裡還順帶名店小故事，讀來也頗「可口」。

細細咀嚼這本書，當會驚歎一小塊糕餅竟能包容那麼多學問、故事，例如：

「發酵餅」在北港一帶發跡的原因是，它有改善胃酸、防舟車暈吐之效，切中早年北港商旅及香客所需；淡水地區俗諺「娶某不娶八里坌」，原來攸關喜餅習俗；犁記、雪花齋兩家百年餅鋪的作品在日據時代就大放異彩，其創業者都是豐原一帶地方仕紳之家的大廚；「冰沙餅

夏瑞紅

」豆餡冰涼口感的祕訣是，有一道以大量清水反覆沖洗花豆餡、稱之為「水飛」的手續；「狀元大餅」用大灶炒肉的古法值得堅持的原因是，火焰非瓦斯爐上的持續高溫，隨柴火變化時高時低的溫度能調理出更好的肉質；「方塊酥」香脆酥的關鍵是，得耐心將麵皮反覆折疊兩百四十三層……

糕餅不能讓人吃飽，但她滋養心靈、滿足精神，安慰勞苦人生。作者在書中不時憶起：「小時候常為了吃『粩』而傷腦筋」、「阿嬤視綠豆椪為心中的月亮」、「年幼時，有人送大餅，母親總會切成好幾塊」……，閱讀過程裡，我腦海中也不禁浮現童年農村生活中晒穀場上的「椅條」。鄉下人家常把祭祀供品擺在椅條上，而供品中最吸引孩子的，就是隨歲時、祭祀對象變換的各色糕餅。記得當年長輩們相信不同糕餅各具祈福寓意，製作過程很忌諱爭吵和不吉利的言辭。這舌尖上的懷舊旅行最讓人想念的，就是那種謙卑虔誠的昔時生活態度。

從小吃慣甜甜圈、蘋果派、黑森林蛋糕、提拉米蘇的一代，可能沒這般糕餅情懷，但還好有這本書，讓前人對老糕餅的感動與敬意有機會繼續交棒接力；此外，本書也為目前致力於創作地方特色糕餅的師傅與店家另闢專頁，召喚更多識貨的支持者，一起打造未來老字號。

作者提出，就像日本「茶道」一樣，台灣糕餅也足以發展一套自己的「餅道」，教人用心深入細品，嚐出台灣特有生活風華，而且相信只要有機會，來日「漢餅配烏龍茶」也可能蔚為風潮，不讓西式午茶獨霸天下。

看來，這本書可不也是給台灣新一代糕餅夢想家的激勵之書！

（夏瑞紅，作家）

新版序

甜鹹之外的神奇滋味

張尊禎

曾有朋友告訴我，他認為台灣糕餅只有兩種味道，一種是甜的，一種是鹹的。我聽了不禁為台灣糕餅叫屈，但這卻是很多人對於台灣傳統糕餅的刻板印象。只是，身為台灣人理當知道台灣事，雖然我自己也很喜歡西式蛋糕，但卻更想了解台灣傳統點心，因為那份屬於在地的文化感情，吃在嘴裡總是更讓人窩心，而且令人感到驕傲。

過去，因為工作的關係，我幾乎跑遍台灣大小餅店，參與各式各樣的民俗祭典，吃到各色美味糕餅，神奇的是，每次都有發現新大陸的驚喜；不管是層次分明的餅皮，撲鼻而來的芬芳香氣，令人滿足的扎實餡料，還是印在點心上的美麗圖騰，彷彿每嚐一口，都讓我回到百年前的時空，感受飽滿的幸福滋味，而不單單只是滿足口腹之欲而已。

我不禁納悶，這種感覺從何而來？別人也有同樣的感受嗎？

於是，我試圖爬梳整理這種感覺背後的祕密，期待別人也能跟我一樣嚐到這些美妙滋味，了解豐富的文化意涵，進而體會前人高明的智慧與手藝。我相信在台灣生根茁壯的漢餅文化，足以在華人世界發光發熱，只是在這之前，除了糕餅師傅與店家的努力之外，得有更多人識貨才行。

二○○四年我辭去工作，至台北藝術大學傳統藝術研究所進修，並以「台灣老餅鋪與傳統餅食」為題從事研究，在田野調查過程中，我找到很多有趣的材料，也愈發現這個領域的博大精深。順利取得碩士學位後，仍覺得還有許多故事值得持續挖掘。

因此，以這份論文為本，我從自己的人生經歷出發，整合餅店老闆所傳述的故事，嘗試書寫《台灣糕餅50味》，介紹傳統米製點心、古早風味餅、地方特色餅三大類五十餘種糕餅，並集結六十多家餅店資訊。書成之後，我發現糕餅最真實的滋味，其實還包括了餅店老闆的經營理念、老師傅純熟的技術，以及民俗廟會裡信徒們等著分餅的虔誠、官將們將餅掛在身上的莊嚴威儀；還有，我阿嬤嚐餅時的滿足神情，父母親提到糕餅時的眉飛色舞……，彷彿這些真實的情感與記憶，才是讓台灣糕餅充滿美味的神奇調味料。

也許有人初看此書會發出「這個餅我怎麼沒有吃過？」「原來那個餅是這樣來的啊！」的驚歎；也許有人會質疑「怎麼某某餅沒有出現在書裡？」「某某餅店為何沒介紹？」在此我必須說明，為兼顧糕餅文化與歷史演進，除了我個人偏好的推薦外，店家是否具備歷史傳承、指標地位以及口碑特色，就成了「哪裡買」資訊的選取標準。儘管力求台灣糕餅風貌的完整，但總難免有個人的主觀及搜羅不足之處，也歡迎所有愛吃餅的人不吝指教，並提供寶貴意見。

本書上市以來，受到不少熱愛台灣糕餅的讀者肯定。在一千八百多個日子裡，有的店家逐漸擴大事業版圖，也有的面臨分家、歇業甚或產品停產，為提供更加詳實的資訊，新版《我的幸福糕餅舖》不僅一一確認各家產品與價格，還增加「糕餅見學ＤＩＹ」單元，讓讀者有個可親身體驗做糕餅的去處。此外，也十分感謝遠流專業編輯群的協助，有了他們的指點與包容，才有這本書的呈現，讓更多人可以和我一起分享這美好的糕餅回憶，進而去體驗、品賞台灣糕餅獨有的神奇滋味與飲食美學。

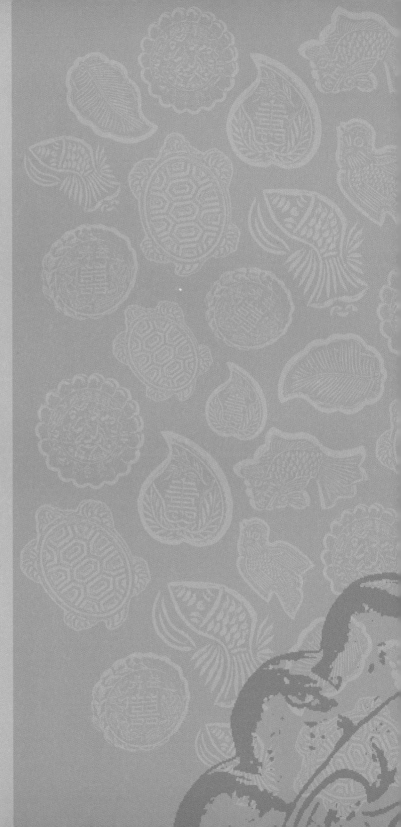

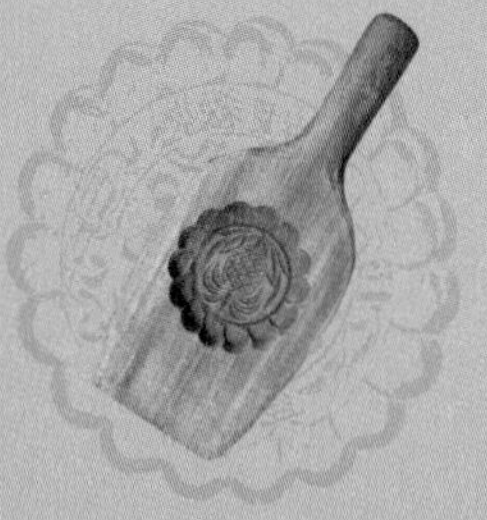

入門篇

一口糕餅一口文化

台灣糕餅的六個特色

台灣糕餅的世界繽紛多姿，不僅祭祀拜拜需要它，年節送禮用到它，結婚喜慶更少不了它，它伴隨著人們走過漫長的歲月，留下美好動人的生命記憶。小小一塊糕餅，承載了我們所忽略的多重文化特質與滋味，值得好好咀嚼，細細玩味。

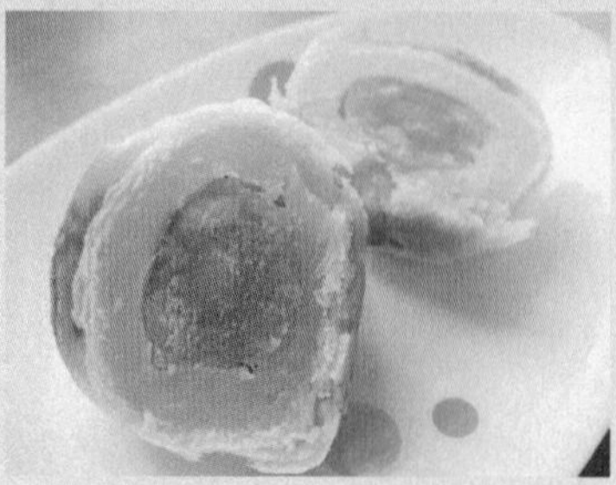

地方味

台灣不大，卻有許多別具地方傳統與特色的糕餅點心，如「新竹竹塹餅」、「台中太陽餅」、「豐原綠豆椪」、「大甲奶油酥餅」、「鹿港鳳眼糕」、「嘉義方塊酥」、「台南香餅」、「澎湖鹹餅」等，分別被當成推展地方文化的伴手禮。除此之外，在文化產業概念的推動下，也誕生各式結合地方農特產、以「文化」入餡的新產品，如新竹北埔的「擂茶餅」、苗栗三義的「木彫餅」、台中大甲的「芋頭酥」、彰化的「卦山燒」、高雄的「打狗酥」、宜蘭的「藏金棗」等，這些新興餅食也成為介紹各地風土的味覺尖兵。

歲時味

傳統糕餅文化與人們生活息息相關，一年到頭按照年節、禮俗、宗教

祭祀等，而有各種不同的糕餅；糕餅店也依同樣的行事曆而有淡、旺季之分。大體而言，從農曆正月一直到四月，除了過年還有眾多宗教節慶，是糕餅界的旺季；五月逢端午節吃粽子，因此生意清淡；六月俗稱「完聘月」，喜餅訂單漸多；七月是「鬼月」也是「準備月」，以迎接即將到來的中秋節。糕餅店最繁忙、利潤最高的時節則在八月，俗話說「做一個八月半，可以吃一年」，正足以說明中秋月餅的盛況。九月過後一直到過年前，「有錢沒錢，討個老婆好過年」的想法長存人心，加上感謝親朋好友一年的支持，因此喜餅及禮餅的銷量也很大。

吉祥味

糕餅上的紋飾圖案，多採用迎福納祥的題材，以表達民間企求生活圓滿的願望。如龍鳳圖案代表成雙成對、龍鳳呈祥；福祿壽三星則為福氣、官祿與長壽的象徵；魚表示年年有餘；圓形象徵圓滿；花

鳳山吳記餅店所推出的鰲龍、鳳梨、蓮花造型餅，具有吉祥的外形。

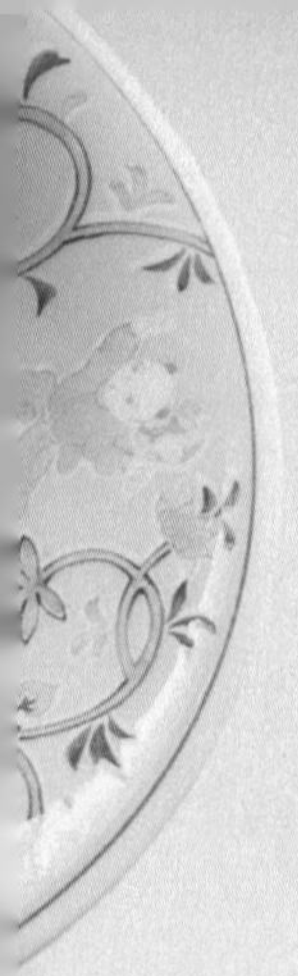

形表花好富貴；或是直接刻上「二姓合婚」、「百年好合」等祝福的語句。不僅圖案美觀、寓意深遠，還增添不少品餅的藝術氣息，讓我們由單純的口感訴求進而同時擁有視覺的美感。

人情味

長期以來，糕餅即作為禮尚往來的伴手好禮，特別是過年、中秋節等重要節慶，或是結婚、生子等人生重大喜事時，人們常藉由糕餅的贈與以聯繫人際感情、分享喜訊。如我們常聽人家問：「何時請我吃餅？」意思是詢問「喜事何時近了？」因此，結婚過程中男方準備的聘禮之一「喜餅」，正是讓女方分送親友，通知各方喜訊的媒介。此時，女方親友在收到喜餅之後，回贈紅包或禮物，不僅分沾喜氣，亦有「添妝」之意；這是傳統的互助制度，以分攤新人結婚費用，在舊日重視人情世故的社會裡，具有深遠而溫馨的意義。

時代味

造成各地糕餅種類不同的原因，除卻地方特產、餅店做法的差異性外，各地飲食與消費習慣也占有舉足輕重的地位，其中尤以喜餅最為明顯。雖然現今訂婚儀式不若以往繁文縟節，但作為行聘之一的「喜餅」反而更受重視，甚

至成為新人們品味與身分的代表；加上社會變遷的影響，喜餅的樣式也和往昔大異其趣，最大的不同就是：偌大的「大餅」已不流行了。

此外，在喜餅整體盒裝重量上，目前還是「北輕南重」，以六色餅來說，中北部多為二斤、南部則至少三斤；並且受到西餅洋風的影響，大多流行中西合併，在禮盒中加上西式餅乾、糖果相襯。至於中式喜餅的造型，北部流行圓形、南部則為長方形，此形體的大小與差異，應和圓形體積小，較符合北部人口結構的需求有關；而口味上，因應生活價值與飲食習慣的改變，以往強調油膩、重甜、厚實感的製作方式，已改為少糖、少油、健康的口味，符合現代講求「樂活」輕食的需求。

虔誠味

在宗教信仰中，祭祀食物是人與鬼神溝通的重要媒介物，因此，我們也常在供品上發現糕餅的身影。如媽祖誕辰時，大甲鎮瀾宮最常見以當地名產「奶油酥餅」來祭拜；新埔義民節於大豬公前的供品，則多見客家風味的番薯餅或竹塹餅；農曆七月普度，則以各式糕餅所做成的「盞」或是麵豬、麵羊取代活體祭拜，這些都可看出糕餅在民間祭典中的重要性。

用於普度的糕仔盞一對。

品味糕餅的兩種門道

現代人生活忙碌緊張，常忘了靜下心來品嚐食物的美好、咀嚼食物的滋味。在早期農業社會裡，糕餅可是富貴人家才吃得起的點心，是身分、地位的象徵；而對於過去生長在貧困年代、不易吃到零嘴的老一輩人而言，傳統糕餅的滋味往往令他們刻骨銘心、回味再三。現在取食糕餅已是稀鬆平常的事，不必大富大貴也可以享用，因此不妨放鬆心境，從容地細品每一口糕餅的滋味，從舌尖開始展開層次豐富的懷舊旅行。

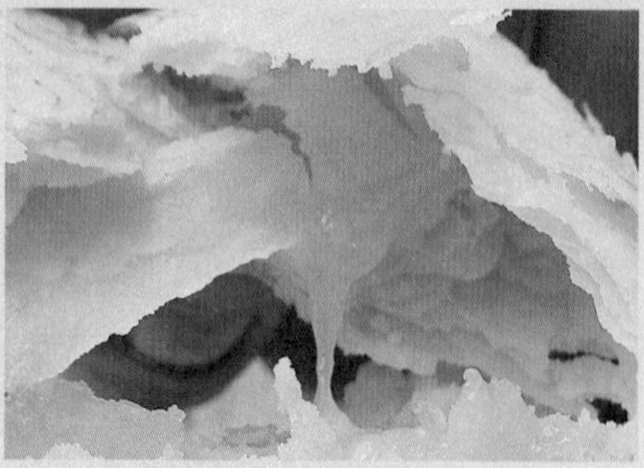
太陽餅中會牽絲的麥芽，讓人驚豔。

賞外觀・嚐餅皮・品內餡

猶如品茶講究茶道，我認為吃餅也應該發展一套「餅道」，不必正襟危坐、手續繁瑣，但必須賦予品餅文化意涵，藉由品嚐來了解寓意深遠的糕餅文化。基本上，可以從外觀、餅皮、內餡三方面來享受。

首先，別急著把糕餅塞進嘴裡，應該先細察糕餅的外形是否美觀、完整，然後進一步欣賞它的造型以及餅皮上的紋飾圖案，最後再慢慢加以咀嚼享用。從外觀，可看出一家糕餅店如何定位產品的性格，有些走小家碧玉路線，體積嬌小且迷你；有些視為清秀佳人，樣貌淨白而圓潤；有些則訴求真材實料，因此內餡外凸而不修邊幅。

台北維格餅家的鳳梨酥，金黃透明的內餡引人垂涎。

不過，真正讓人回味的糕餅，還是看入口後味蕾的感受。

一口咬下的瞬間，脣齒間可以立刻感受到餅皮酥、脆、軟、硬巧妙變化的不同，「油酥餅皮」擁有層層薄酥的絕妙口感；「和生餅皮」則是另一種Q軟的香甜。再來，才是內餡的香氣及配料的變化，通常這都被店家列為最高機密，不隨便公開；猶如人的內在一樣，需要慢慢咀嚼才會發現它的與眾不同。以太陽餅來說好了，內餡只不過是簡單的麥芽糖，但我第一次吃到台中太陽堂的太陽餅時，卻驚豔不已，因為一掰開，裡頭的麥芽餡居然會「牽絲」（台語）且滑動流出，而不是鋪上一層硬硬的糖，難怪會無懼於其他以老店為號召的同業競爭，想必「新鮮」是其成功的不二法門！

除此之外，糕餅的原料成分也攸關口感的好壞與價錢的高低。以鳳梨酥為例，強調的是外皮與內餡的

完美比例；切開後的剖面，呈現金黃透明色澤的，是鳳梨調合冬瓜醬；呈現深褐色澤的，則是近年來流行的土鳳梨醬，兩者因原料不同而有酸甜口感的差異。

如此由外到內循序漸進的品餅體驗，相信更能吃出糕餅的真味來；如果再搭配外盒包裝敘述的歷史典故，加上糕餅的擺盤及桌上整體的布置，那已不單是味覺的享受與滿足，甚至連視覺、嗅覺都能得到前所未有的感動，而將那股味道長存心中。

糕餅與茶的美味關係

大家都知道「吃餅要配茶」，唯有藉著茶香，才能襯托出糕餅綿密細緻的香甜。但究竟怎麼「配」才好，恐怕很多人不明就裡。

「老雪花齋」餅行的老闆呂松吉根據耆老的教導與說法，加上自己體會，整理出一套「吃餅哲學」。他說吃餅其實是一大學問，放鬆下來，三十分鐘就好：「首先喝兩口溫茶潤潤喉，再將餅剝開咬一小口，咀嚼後喝口茶壓下去；吞下去之後，嘴巴不要張開，氣從鼻子吸進去，再從嘴巴吐出來，氣衝玄關、口齒留香，奧妙在心頭。吃餅就是要慢慢來，感覺絕對不一樣，其過程就是一種陶冶，一種修養。」

茶道老師解致璋也在《清香流動》一書中提到：「茶點心充滿吸引人的魅力，尤其在品過茶之後，味蕾十分敏銳，這時享用細致的茶點心，

甘潤的茶湯，可中和糕餅的鹹甜滋味。

就會感覺特別好吃。」由於烏龍茶較之奶茶、咖啡清淡，搭配的點心味道自然不宜太過濃重，滋味不能太甜，淡淡的鹹味或酸味也很爽口。

所以茶與糕餅是密不可分的，從古至今糕餅即是文人雅士品茗相佐的茶食，因此許多餅店開始動腦筋將兩者結合，例如玉珍齋的「遊奕糕」就將糕仔做成一粒粒的棋子，包裝盒內還附有棋盤紙與茶包；產品可吃、可玩，還可以喝，設想周到。除了在包裝上與茶品結合，在餅店賣場上也可以提供民眾搭配茶飲的試吃服務，一方面提升服務品質，另一方面可藉由試吃的過程，教導民眾「吃餅如何配茶」、「什麼糕餅搭配什麼茶」的品餅哲學。

漢式餅皮三大類

台灣漢餅依照餅皮的製作方式，約可分為油酥皮、糕漿皮、清仔皮三類，而這三種做法幾乎涵蓋了目前市面上常見的中式烘焙產品。

油酥皮

油酥皮：又稱「油皮」，做法是一層油皮、一層油酥包起來後約擀三層，其原理就是利用一層層的皮包油，入烤箱膨脹後，油將皮撐開成鬆鬆軟軟的一片片，特點是產品有層次感、入口鬆酥，如綠豆椪、太陽餅即是這種做法。

糕漿皮

糕漿皮：又稱「酥皮」，常見如鳳梨酥，是以油慢慢打發後加入麵粉固形起來，這類產品會受到油、糖比例的高低及油脂種類等因素影響；例如加入奶油的口感較軟，加入豬油的口感則較硬。

清仔皮

清仔皮：又稱「和生皮」，常用於製作喜餅及廣式月餅。最主要的功夫在於糖漿的煉製，要將定量的水和糖用文火熬製，再不斷地攪拌使白糖充分溶解，然後過濾清除糖漿中的雜質，這道功夫稱之為「提漿」，又俗稱「清漿」。過濾好的糖清還必須加入麥芽繼續加熱熬製，再倒入麵粉、油，攪拌後添加鹼以防止麥芽酸化。

此外，茶品的經營也可作為餅店多角化經營的方向之一，同時於餅店內販售茶葉或茶類飲品；如同西點麵包店兼賣咖啡一樣，或是天仁茗茶不只賣茶，更教人以茶為餐；誠品書店不只賣書，更創造一書香文化空間。因此，餅店兼茶館的複合式商店，一方面可讓民眾在優雅的中式品茗空間中享受餅店製作的精緻糕點，還可形塑一休閒文化場所，創造另一種商機。

也許有一天，下午茶不再只是咖啡加蛋糕的西式組合，「吃漢餅配烏龍茶」的台味組合，或「綠豆糕配咖啡」的中西式吃法，也能成為普遍的流行文化。

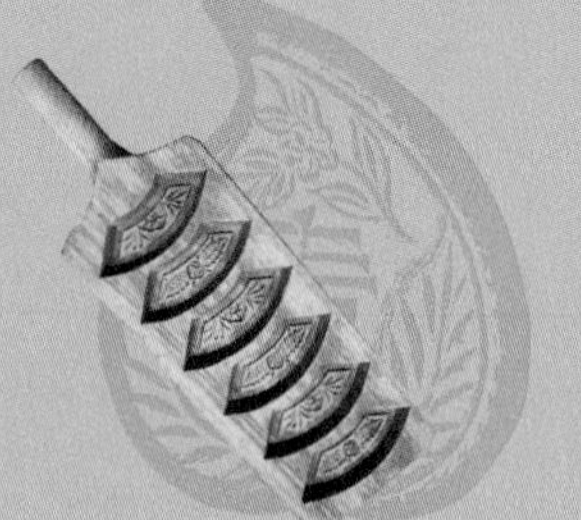

時節篇

糕餅的祈願與祝福

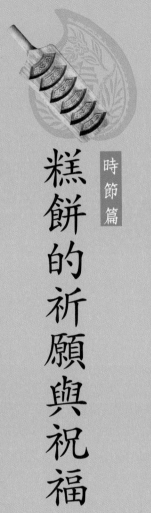

糕餅與生命禮俗

台灣人一生中有幾大重要階段：出生、成年、結婚、大壽，一直到死後喪葬，各項禮俗的進行皆與粿、糕、餅等息息相關，充滿了對生活與生命的期待。

出生滿月

新生兒滿月，外家除了需依禮俗贈送衣、帽、鞋「做頭尾」，還要準備香蕉（與台語「緊招」同音，有「再生男」的暗喻）、紅龜粿（表示「長壽」）以及紅蠟燭等；主家也要準備雞酒、油飯敬神祭祖，以保佑嬰兒健康長大，有些人家也會準備滿月圓仔來慶賀。

做四月日

俗語說「滿月圓、四月桃、度晬是紅龜」，說明嬰兒滿四個月時要準備紅桃祝賀（也稱「四月桃」）；此外會舉行「收涎」禮：將十二或二十四個中間有圓孔的「收涎餅」以紅線串圈，掛在嬰兒脖子上，然後抱著嬰兒到「厝邊頭尾」走動，請鄰居或親友取下一塊餅乾，在嬰兒脣旁邊抹邊念：「收涎收離離，明年招小弟」、「收涎收乾乾，明年生卵葩」等吉祥語，以祈求嬰兒不再流口水、身體越加健壯；同時也祈求家中來年能再添丁。

滿周歲

俗稱「度晬」，這一天也要準備紅龜粿祭天，以感謝天公賜福。昔日農業社會有所謂「抓周」儀式，就是先在一個大竹篩放入紅龜粿（或麵龜），讓孩童坐在凳子上、腳踏紅龜粿，以象徵「長壽」，之後撤去凳子、紅龜粿，再放入十二種物件讓小孩隨意抓取，視抓取的物件來預測孩子將來的志向。做完周歲，就表示正式邁入幼兒階段了。

死後喪葬

人死後也必須準備發粿、米糕來祭拜，是希望過世後子孫也能「發」；而米糕黏黏，有期待能再聚首之意。台灣早期對於前來弔祭、送奠儀的親友，家屬還會製作白色的「蓮花糕」作為答謝，不過，此項習俗於民國五〇年代後已被「答謝毛巾」所取代。

老年祝壽

按照台灣習俗，五十歲以上生日始稱為壽，六十歲的生日稱為「下壽」、七十歲稱「中壽」、八十歲稱「上壽」、九十歲稱「耆壽」、百歲稱「期頤」，傳統上必須於生日前選定吉日舉行「祝壽」儀式，兒孫輩會準備紅龜粿與紅桃粿（或壽龜、壽桃），並於壽宴當天分送給賓客。通常壽桃數量都會按年齡再加個六、十二等吉祥數字，以為對方添壽。

結婚成家

根據鈴木清一郎所著《台灣舊慣習俗信仰》中，日治昭和九年（一九三四）台灣訂婚所備的禮品項目包括：金花、金環一對、金戒子一對、半豬、喜酒、羊、糕仔、紅綢二尺四、烏紗綢七尺、蠟燭四對、爆竹、禮香二把、耳飾一對、荖花（糖米花餅）、禮餅、蓮招花等等，浩浩蕩蕩排成一大行列。

整個婚禮過程，除聘金之外，喜餅可說是最重要的禮品，早期從訂盟、完聘到送日頭，男方前前後後共要送三次喜餅，特別是「送日子單」時送的餅，又稱為「日頭餅」。現在民間多將訂盟（小聘）、完聘（大聘）兩者合併舉行，統稱為「訂婚」；送餅次的數也縮減成一次。

糕餅與歲時祭典

傳統農業社會，生活重心都是隨著節氣時令而運轉，或為一年的起始與終結、或為節氣輪替，藉由祭祀、慶祝，以感念大地的恩賜，協調親友鄰里的人際關係。

而糕餅祭品則是與鬼神溝通的重要媒介，人們以虔心奉獻，表達求福賜祥的心理需求；在儀式結束後分而食之，更是希望可以分享神所賜予的福氣。

農 正月

春節

「春節」是中國人最重視的盛大節慶，傳統社會中家家戶戶在過年前便要忙著炊粿、做餅以迎接新年。祭品以甜粿、菜頭粿、發粿為主，表達「新年甜、好彩頭、發達」之意；還要準備些許甜料，如生仁、寸棗、麻粩等，用來招待客人吃甜甜。而在神桌上，也會將柑橘堆疊成塔，上插一枝「飯春花」，吉祥又喜氣。

農 正月初九

天公生

天公生祭典在一整年的節日中，可謂甚為隆重，供桌還分為「頂桌」與「下桌」；頂桌全為素食，下桌不限葷素。祭品十分豐盛，包括有壽麵、菜碗、甜碗、粿、各式粩、糕仔、包子、糖塔等供品。

農 正月十五

元宵節

農曆正月十五的元宵節，也稱上元節，台灣有許多寺廟在當天舉行「乞龜」的活動。所謂「乞龜」，就是廟方會準備由糯米或麵粉做成的各種「龜」品，供信眾擲筊乞回「食平安」，而乞得供龜的人家，來年再答謝奉還廟方一個更大的「龜」。

國 四月五日

清明掃墓

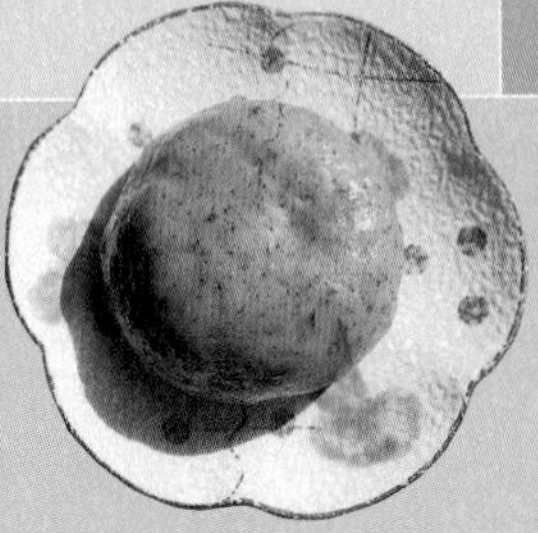

清明節祭祖掃墓的吃粿習俗較為特殊，可分為「培墓粿」與「印墓粿」兩種，其中「新培墓」與「舊培墓」的粿品又有差異，前者用的是青色的「草仔粿」，表達對親人的哀思；後者準備紅龜粿、紅桃粿，有祝賀祖先陰壽綿長之意。至於「印墓粿」（印有分配之意），則用於培墓完畢分送給前來乞粿的人。

農 三月二十三日

媽祖生

農曆三月二十三日是「天上聖母」媽祖的誕辰，從三月初起，各地的媽祖廟即進行一連串的慶祝活動，其中以台中大甲鎮瀾宮的媽祖遶境最為盛大，祭品中除了有紅龜粿、紅桃外，也常見民眾購買當地名產「奶油酥餅」來祭拜。

農 四月 西港王船祭

每三年舉行一次的台南「西港香」，歷史十分悠久，百年原味，不僅在王船的添載品上有小酥餅二十包；在道士進行「登台拜表」科儀所備的供品中，也出現「醮餅」的身影。

農 五月初一 新莊大拜拜

每年農曆五月初一，印上新北市新莊地藏庵「文武大眾爺」朱印的鹹光餅，就搖身一變成了神明勒點過的「平安餅」，民眾常討取服食以增添福分。

農 七月十五日 中元普度

中元普度常以豐盛的供品祭拜好兄弟，其中以糕仔數量最多，並且將糕仔、壽桃、餅、粿堆疊三、四尺高，做成俗稱為「盞」的各式祭品，藉以將物品高掛，讓遠方的鬼神都能看見，前來接受饗宴。台灣北部最負盛名的普度宴非基隆莫屬，其中「四點心」是普度宴裡每道菜餚皆有的附屬品，內容包羅萬象，從包子、蛋糕、水果、布丁、蜜餞、乾果、餅乾到糕粿都有。

農 七月十八日至二十日
新埔義民節

新竹新埔的褒忠義民廟，號稱是桃、竹、苗地區客家人的最高信仰中心，為紀念保鄉衛土的客家義勇軍們，每年農曆七月十八至二十日的義民節都有賽神豬的比賽。每一台豬公車上，有比賽頒發的獎狀、親友打的金牌，全雞、全鴨、三層肉及豬肝的牲禮一付，還有壽桃、壽麵做成的「壽盞」，或是客家風味的番薯餅、竹塹餅等。

農 八月十五日
中秋節

以月餅、紅龜粿祭土地、拜祖先是由來已久的風俗；象徵團圓的「中秋月餅」，是最應景的食品，種類眾多，其中以「油酥餅皮」的台式月餅最具代表性，如綠豆椪、冰沙餅、蛋黃酥等，內餡口味也隨著時代的進步益加豐富多變。

國 九月二十八日

孔子祭典

每年國曆九月二十八日孔子誕辰當天所舉辦的「祭孔大典」，除了熟知的三獻禮、八佾舞之外，台南市的孔廟還另準備「黑白餅」祭拜。其為向萬川號餅鋪所特別訂製，做成花瓶的造型，具有「平安」的吉祥寓意；用在祭典上，一個灑上白芝麻、另一個灑上黑芝麻，兩個餅一上一下拼在一起，一白一黑通稱為「黑白餅」。

農 九月初九

重陽節

在重陽節登高、吃糕、飲菊花酒是從漢代就開始的習俗，而依照台灣舊俗，每到重陽節就準備麻糬、甘蔗、柿子祭拜祖先。

在民俗廟會中，常可見土地公扮將的脖子上掛有一圈酥餅。

糕餅祖師爺與喜餅由來

糕餅業供奉的神明甚多，有雷祖聞仲、關公、趙公明、馬王、火神、燧人氏、神農、灶司、諸葛亮等。台灣則因相傳諸葛亮發明了饅頭，由饅頭推及糕點，而奉諸葛亮為祖師爺。

關於糕餅祖師爺的傳說有二，一是諸葛亮七擒孟獲之後，無法渡過瀘水，於是下令以麵粉包入牛、羊肉餡，做成49個「麵人頭」（諸葛亮稱為「蠻頭」），當成祭拜溺水陰魂的供品，而終得平安回朝。另一則故事是諸葛亮為讓孫權不得反悔劉備迎娶他妹妹的婚事，遂命人分送東吳軍民糕餅，將結婚消息散布，後來各地仿效，形成訂婚時送喜餅的習俗。

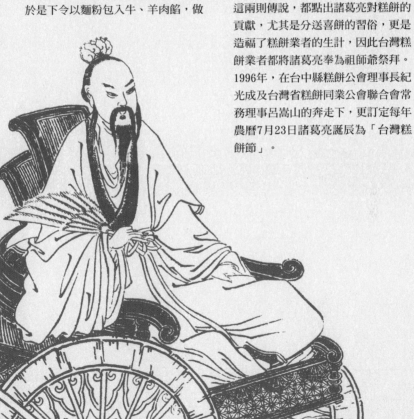

這兩則傳說，都點出諸葛亮對糕餅的貢獻，尤其是分送喜餅的習俗，更是造福了糕餅業者的生計，因此台灣糕餅業者都將諸葛亮奉為祖師爺祭拜。1996年，在台中縣糕餅公會理事長紀光成及台灣省糕餅同業公會聯合會常務理事呂嵩山的奔走下，更訂定每年農曆7月23日諸葛亮誕辰為「台灣糕餅節」。

糕餅的幸福美學

藝術篇

印模的藝術

往昔要在糕餅上形塑出典雅美麗的紋飾圖案，木製印模可說是不可或缺的工具；這些印模不僅具有工藝之美，也反應出常民豐美的生活文化。可惜自六〇年代起，木模的材質多被塑膠製品取代，人工手作也不敵機器的大量生產，讓優美的台灣傳統糕餅文化面臨逐漸流失的危機……

不論是琳琅滿目的吉祥圖案，或是線條流暢、神韻生動的彫刻手法，在在都表現出傳統民藝樸拙親切的特性。

立體版畫　傳承民間美學

這幾年懷舊風的盛行讓傳統印模有了一線生機，許多老餅鋪開始重視這些與他們共同歷經製餅生涯的老夥伴，以文物陳列的方式重新展示，如淡水三協成餅鋪及郭元益餅店分別於二〇〇〇、二〇〇一年成立糕餅博物館，讓民眾有機會見到這些鄉土的民藝作品。除此之外，以創新木彫餅聞名的苗栗三義世奇餅店，更請木彫師傅手工彫琢出栩栩如生的木刻印模，運用在餅食的製作上。

學者簡榮聰在《台灣粿印藝術》一書中寫道：「以工藝學角度觀察，傳統台灣民間社會所使用的粿印、餅印、糕印、糖塔模子，都是經過手工雕製，刻繪出線條流暢，或簡潔遒勁、或樸拙醇厚、或親切可愛的圖

糕仔印模上的每一個精緻圖案，均代表對生活的期望。

台灣民間所使用的印模都是經由手工彫製而成，所以每一個都獨具特色。

案。這些圖案……，無論布局、動態、神韻方面，均值得詳細析賞。」具體點出糕餅印模的藝術價值。資深畫家劉文三於《台灣早期民藝》也提到：「餅模的彫刻圖形除了可以看出民俗生活外，還可以發現這種具有版畫形態與意義的藝術品，它不同於版畫而產生另一種更具機能與適合生活形態的方式；使我們不能不覺得藝術形態是活的，是可以衍生不息的。」更進一步說明這項民間工藝與尋常百姓生活的密切關聯。

透過一代代不知名匠師的積累傳承，這些純手工的木彫紋飾，不僅持續發揚民間流傳已久的符號美學，也把傳統飲食文化鏤刻下來。因此，即使時代在變，科技日新月異，傳統印模已逐漸被取代，但這段由木製印模所刻畫出來的傳統糕餅歷史，還是賦予人們對糕餅無限的懷舊想像。

四面彫的粿印最為實用，正面多刻龜、背面為桃，兩側分別是連錢紋與魚紋。

材質造型彫工
箇中學問多

儘管糕餅印模有少部分是陶、瓷、磚造及金屬製品，但由於都不如木質擁有輕便且摔不破的特點，所以大部分還是以木質印模為多。根據老師傅的說法，木製印模的材質多取自烏心石、台灣櫸、樟木、肖楠、紅檜、龍眼等樹種，其中尤以烏心石最受青睞。這些木材需經一年以上的時間自然風乾才可彫製，經取型、刨木的修整工作之後，便進行單面、陰彫的彫刻階段，最後再以砂紙磨光、上漆即完成。

由於粿印的使用方法是將

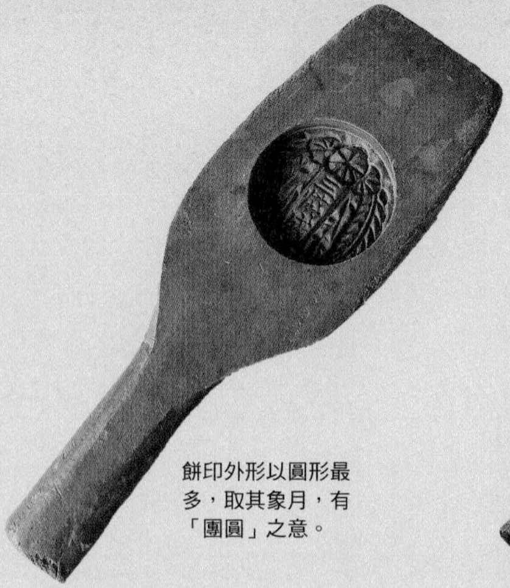

餅印外形以圓形最多，取其象月，有「團圓」之意。

長方形的喜餅印模，意謂「方正」。

粿糰按壓於印模上，再反過來利用拍擊的力量深深印上紋路，所以多製有手柄以利操作（也有少數無柄）。糕印外形多為長條形或長方形，端看彫刻圖案的多寡與大小而定。由於糕仔的製作為將處理好的米麩以勺子舀入糕印模內，壓實定形後，再覆模敲出，因此糕印都為單面、陰彫、且大多無柄。

餅印的形式與糕印類似，以製作月餅及喜餅的餅印來說，由於餅內有包餡，烘烤後容易膨脹而變形，所以餅印的彫紋較深，才不致烘烤後使餅面模糊不清。所彫的外形以圓形最多，有「團圓」之意；其次是花形，如菊花、向日葵等，有「花開富貴」的寓意；長方形的喜餅印模，則意謂「端正」。近來也出現心形的對餅禮盒，取心心相印之意，以迎合時下年輕人喜歡直接告白的潮流。

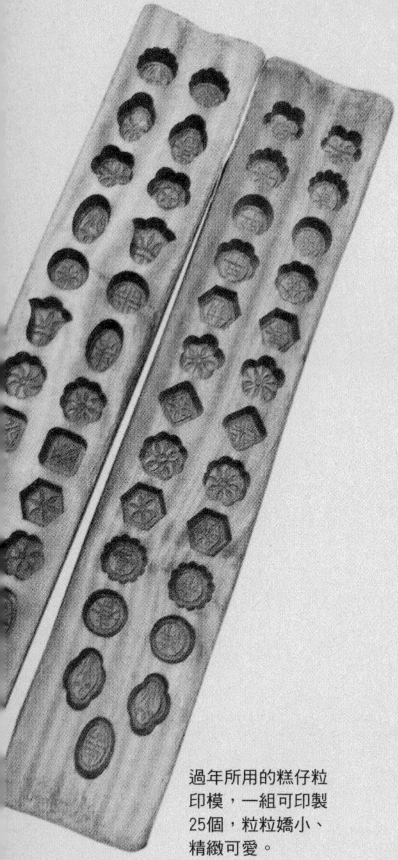

過年所用的糕仔粒印模，一組可印製25個，粒粒嬌小、精緻可愛。

糕印外形通常無柄，且圖案變化多端。

圖案的美學

講求實用的糕餅印模，其多樣的造型與圖案，反應了民俗信仰與節慶文化的傳統意象。糕餅除了作為食品，在宗教祭祀上也常被拿來當作供奉神鬼的祭品，因此上面的紋飾圖案多半採用迎福納祥的題材，這些取自大自然界及人物神話故事中象徵吉祥與喜慶的紋飾，不僅具有裝飾功能，更充滿了民間對生活的期待以及追求幸福的人生觀。

龜台語與「久」音近，因此祭龜也就代表祈求「長壽」。

吉祥動物崇拜

龜，是粿印中最常使用的圖案，中國人對龜文化的崇拜可上溯自遠古時代，長壽為其主要特徵；其次是魚形紋，因魚與「餘」諧音，所以民間常用魚來象徵「富貴有餘」、「年年有餘」，常見有鯉魚、鯛魚、金魚，形體多做成張鰭翹尾的優游姿態。

在訂婚禮餅「囍」字兩旁最常見的就是龍、鳳相對的圖案，寓意「龍鳳

木製印模上的圖案具有很高的藝術價值。

鯉魚因生殖力強，多用於求子，且又善於跳躍，因此人們常以「鯉魚躍龍門」來比喻升官。

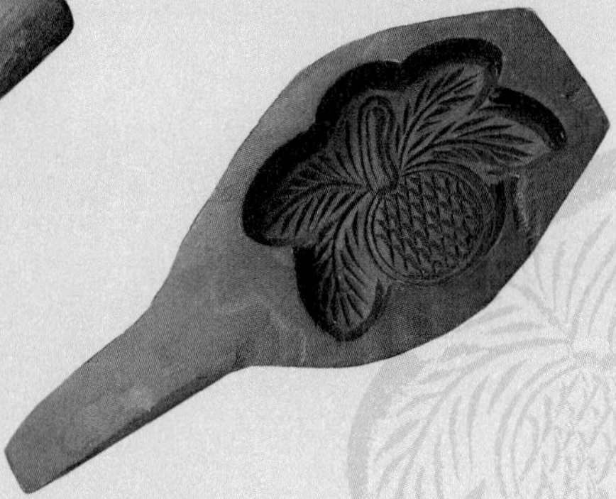

台灣盛產鳳梨，加上台語音似「旺來」，因此經常以其果肉入餡，做成鳳梨酥、鳳梨餅。

呈祥」；龍的神奇威武與鳳的豔麗美妙，恰好構成了人們意念中美好與祥瑞的生動組合。

瓜果花草紋飾

植物紋飾被運用得相當廣泛，可細分成瓜果與花草兩大類。瓜果類中以桃、石榴、佛手、荔枝、鳳梨、葫蘆等為常見題材。而花草紋則多作為周邊的裝飾圖案，常見花卉如牡丹、菊花、梅花、桃花、蓮花等；葉紋如松針、藤卷、瓜蔓、卷草、竹葉等，具有綿延、吉祥、長青、富貴的意涵。

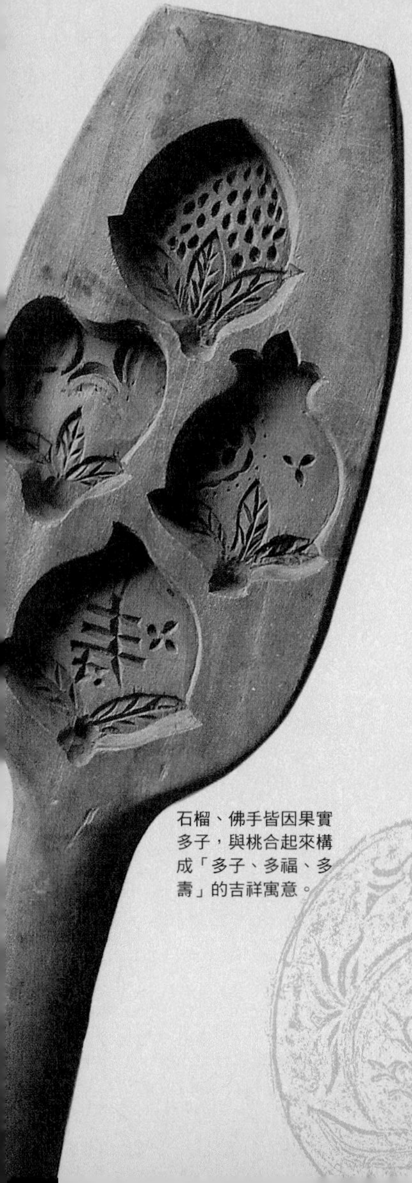

石榴、佛手皆因果實多子，與桃合起來構成「多子、多福、多壽」的吉祥寓意。

傳說西王母娘娘住的崑崙山頂有蟠桃，吃了可長生不老，因此民間多將桃子當作祝壽納福的吉祥物。

「龍鳳拱囍」的紋樣最常用於訂婚禮餅上。

人物祈福教化

人物紋飾的運用，多半具有祈福與教化的用意，一般以福祿壽三星及狀元衣錦還鄉的圖案居多。由於古代科舉放榜接近中秋，民間為討個吉利，常有「搏狀元餅」的習俗，此習俗早期在台灣中南部較為常見，現今雖然中秋吃狀元餅的風氣不再，但也有餅店業者將其圖案運用在訂婚大餅上，

狀元餅上的圖案，不外乎是頭戴官帽的狀元騎著馬，在僕人的伺候下光榮地衣錦還鄉，其旁再佐以書卷、寶瓶或回字紋等裝飾。

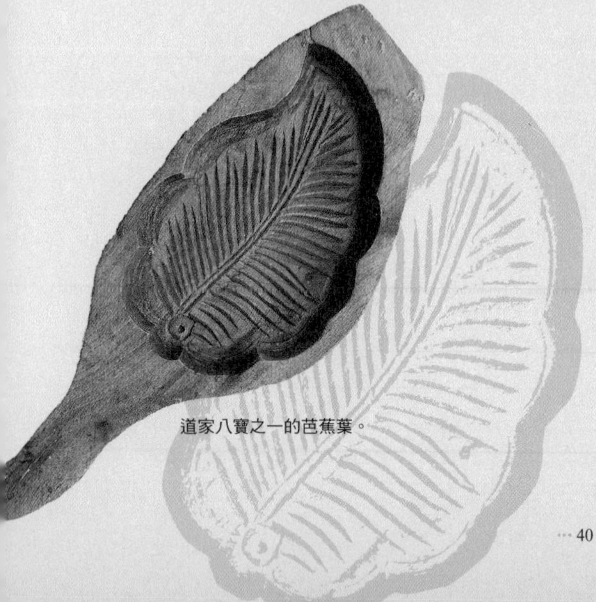

道家八寶之一的芭蕉葉。

葫蘆多子，象徵強盛的生命力；也是仙人手持的器物之一，具有辟邪的功能。

如北港一地就以狀元餅聞名。

文字圖像藝術

中國文字極具有圖像藝術之美，如「囍」、「壽」二字，所要表達的意涵直接而明白；在糕印中也常見春、恭、喜、年、財、發等單一吉祥字的刻印。除此之外，還有一些宗教法器圖案，如蕉葉、元寶、葫蘆、如意，多成組的應用在餅印周邊。

訂婚禮餅常以囍字搭配龍鳳圖案。

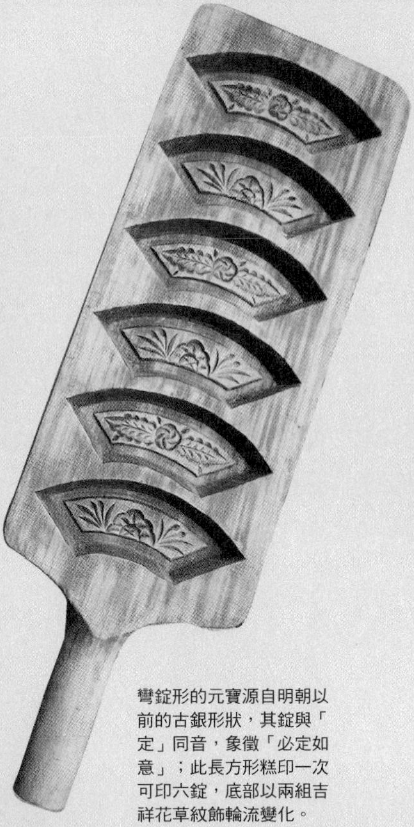

彎錠形的元寶源自明朝以前的古銀形狀，其錠與「定」同音，象徵「必定如意」；此長方形糕印一次可印六錠，底部以兩組吉祥花草紋飾輪流變化。

由直橫線折繞組成的方形「回字紋」，因形狀綿延，民間稱之為「富貴不斷頭」，經常用在禮餅或狀元餅周邊紋飾。

桃形粿印中有一「壽」字，表滿滿祝壽之意。

包裝的創意

早期糕餅產品多靠口耳相傳的方式傳播，不重視包裝與宣傳，一切能省就省，頂多就地取材以茅草包裹、或是用木刻印記在包裝紙印上該店的宣傳字樣。而今的餅盒包裝，已進入藝術創作的境界，形式像書、包裹，或似CD唱片的封套，顛覆了傳統糕餅給人的制式印象。

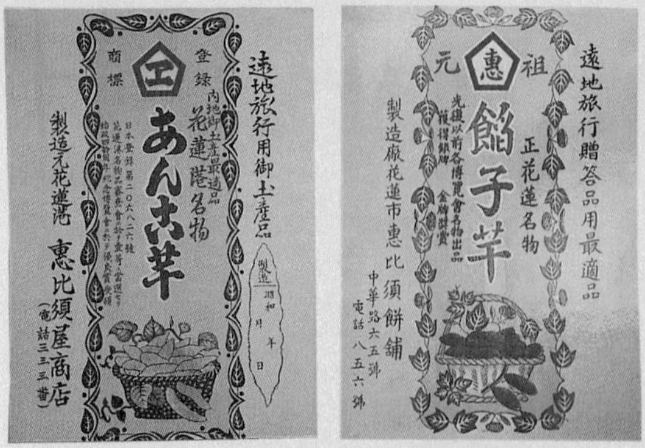

日治時期惠比須商店針對產品「餡子芋」（花蓮薯）所做的中文、日文包裝紙。

生動圖案活廣告 時代標語作見證

隨著市場漸趨成熟、競爭加劇，糕餅業者也意識到圖文並茂、活潑生動的設計能吸引更多顧客，於此，以視覺為要素，描繪生活期望的吉祥圖案便開始活躍於版面上，一些大家熟悉的福祿壽三星、龍鳳呈祥、三陽開泰、八吉祥等圖案廣被運用；甚至也以花草紋、雲紋、回字紋、卍字紋修飾美化版面的邊緣，讓畫面內容更加豐富、具有吸引力。

鄭玉珍餅鋪珍藏的鳳眼糕印記，刻上滿滿的文字，看了十分吃力。

加上圖案裝飾的鳳眼糕宣傳單，畫面看起來賞心悅目了些。

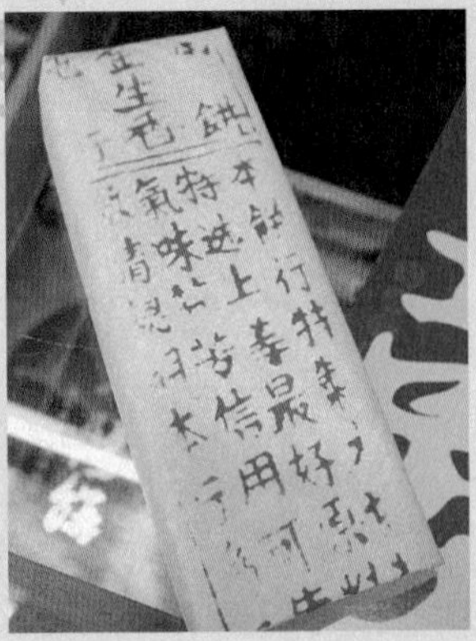

林金生香餅行的鹹糕仔，仍採傳統的紙張包裝。

淡水老餅鋪「廣瑞珍」所用的喜餅紙袋印記。

包裝紙除了用來宣傳營業項目，有時也成為政令宣導的工具，如盛興餅店光復後的印記，上刻有批發零售、糖果餅乾、各色糕餅、喜慶禮品字樣，其下出現「增產報國」的標語，中間則為「盛興・澎湖馬公」店號。此外，還有濃厚日本味的包裝紙，反應出特定的時代背景，如花蓮惠比須商店早期包裹花蓮薯的包裝紙，分有中文、日文兩種，並運用番薯葉作為文字花邊，畫面相當俏皮活潑，展現不一樣的迷人風情。

從「趴拉敏紙」到華麗禮盒

然而，隨著時代的進步、印刷技術的發達，包裝紙越趨精美與華麗，演變至今，甚至已慢慢超越原本包裝的基本功能，成了消費者衡量產品的價值所在，尤其是喜餅禮盒；早期社會常以喜餅的多寡視為男方門第高低的象徵，如今新人們考量的則是「體面」、「氣派」與否，因此一份兼具視覺與味覺的喜餅，才能引起新人的共鳴。

在沒有盒子的年代，喜餅多是一個個裝在紙袋子裡，那是一種半透明、防油、防潮的紙袋，顏色以紅色系為主，俗稱「趴拉敏紙」（paraffin paper），都是各家餅店手工糊製而成。淡水三協

天官賜福，瑞氣呈祥。

花蓮的花蓮薯早期包裝為用編織好的茅草包裹。

日出店家為牛年到來所做的禮盒設計。

古早風味的包裝，形成另一股潮流。

一套六冊的書本，是日出土鳳梨酥包裝的新穎創意。

裕珍馨餅店為農曆三月迎媽祖所設計的餅盒，具有濃厚的宗教色彩。

成餅鋪的李志仁老闆回憶說，當時在紙袋上打印的工作，大部分是由小孩負責，因等待晾乾的時間很長，又不能跑去玩，所以小時候他最痛恨的就是這個模子。

不過，隨著宣傳手法日益多元及著重包裝而來的環保問題，現今各家餅店多直接於餅盒上作文章，包括餅店的歷史沿革、產品特色以及內餡成分、熱量的標示等，設計的手法也更加標新立異；有的會在餅盒上加註「Since某某年」，直接訴求老店的「歷史價值」；或者與地方文化結合，成為文化產業的一環。例如：有一年大甲裕珍馨餅店為迎接「媽祖文化季」的到來，便在奶油酥餅盒上加入媽祖的意象，包裝上不僅寫有奶油酥餅的由來及店家歷史，更特別設計一拉頁，標示鎮瀾宮媽祖當年遶境進香的時間表及地圖，方便香客參與大甲最熱鬧的年度盛會，順便廣告自己的新產品，可說一舉數得。

另一家台中日出，雖以乳酪蛋糕起家，但近年來它的土鳳梨酥儼然成為美食家心中的鳳梨酥首選，除了二號仔鳳梨的酸甜誘人，最主要是因為獨樹一幟的包裝，以包裹或書本等別致的形式呈現，完全顛覆了傳統對禮盒的印象，讓人心甘情願自動掏腰包。

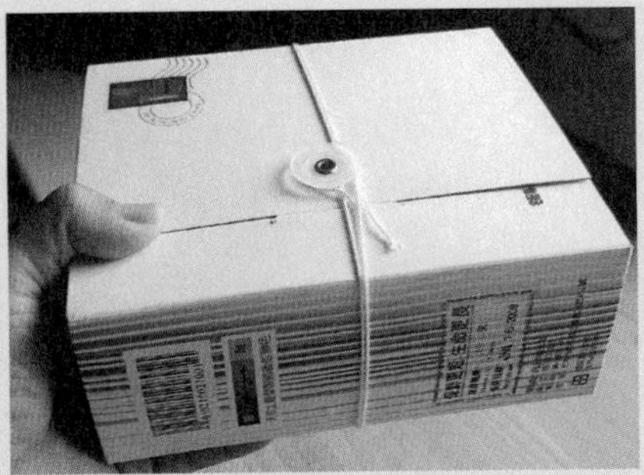

這是包裹還是鳳梨酥？

品味篇

遍嚐台灣糕餅好滋味

傳統米製點心

現代人除了正餐之外，還有五花八門的各色零食可供選擇，不論是西點、漢餅或是和菓子，想一嚐箇中美味，似乎都不是什麼難事。不過，如果我們把時空回溯至三、四百年前的台灣，當時胼手胝足、篳路藍縷的先民，可有什麼點心可吃？

從飲食習慣來看，「南方食米、北方食麥」。在那「唐山過台灣」的年代，大量閩粵移民冒著穿越黑水溝的風險渡海來台，多是為了求取一頓溫飽。所幸，台灣氣候溫暖，適合稻米栽種，猶如一座寶島；生產的稻穀不僅足以充當主要的食糧，甚至還有剩餘可拿來釀酒、蒸糕。因此，將米磨成粉末所製作的粩、粿、糕仔，可說是台灣早期平民百姓最常吃的點心，這三者雖然都是米製點心，但做法與口感卻大不相同。

麻粩・米粩

小時候常為了吃粩而傷腦筋，因為裡頭的麥芽糖老是黏牙，後來才知道傳統的吃法是泡杯熱茶，將粩放進戳碎，待麥芽糖融化後，熱熱的吃。

左上為米粩、右上為麻粩、左下為糙米麩粩、右下為杏仁粩。

「粩」為閩南地區特有的傳統糕點，是農曆正月初九拜天公不可缺少的供品。口感層次分明，極為特殊，最外層是米粒或芝麻，中間為麥芽糖，最裡面才是蓬鬆的糯米糰，一次入口，可以同時享受香、甜、鬆三種不同的滋味。

泡入茶中　滋味更香濃

記得小時候常為了吃粩而傷腦筋，因為裡頭的麥芽糖總是會黏牙，後來訪談了一些老人家，才知道原來傳統的吃法是泡一杯熱茶，將粩放進茶水中戳碎，待麥芽糖融化後，熱熱的吃；而我們多不明就裡直接拿來食用，也難怪會一咬碎屑掉滿地，且又黏牙難以入口。因此現在體貼的店家便在煮糖上下功夫，增加糖漿的硬度，使粩外硬內鬆的口感更加美好。

「粩」這個字，指的是繁複的製作過程；其好吃的關鍵，就在於麥芽糖的純度及師傅的經驗。一開始，先以芋頭粉加少許糯米粉混合搓揉、發酵做成「ㄍㄜˋ」（台語發音），然後用豬油炸過，使它膨脹成空心如蜂窩狀的球體，再撈起瀝乾、裹上拌了豬油的麥芽糖。這個步驟，最是考驗師傅的功力，一般而言，初學者常掌握不到比例而滾上厚厚一層，使得口感太過生硬。

現在的粩體積越做越小，而且較不黏牙，一塊一口剛剛好。

新竹新復珍的粩外衣是用碎顆粒狀的花生，所以香氣更勝。

鹿港玉珍齋還維持傳統古法，米粩（豬油粩）很大一顆，像拳頭一樣。

北港朝天宮前正在裹糖衣製作粩的小販，提供各式各樣口味供香客選擇。

沾黏外衣 口感各不同

最後，沾黏外衣這個步驟，則是各式粩的口味差別所在，沾上白色米乾的稱為「米粩」（也叫「豬油粩」）；沾上芝麻的則稱為「麻粩」。傳統的粩就只有這兩種口味，且形狀、大小有別。以前米粩很大一顆，約為拳頭大小，麻粩多呈細長條狀；現在大多沒有分別，且越做越小。

目前有不少店家開發花生、杏仁、椰子、海苔等新口味，以符合消費者多元化的需求，且更加強調口感與養生，例如過去麻粩幾乎都用白芝麻，如今也有以黑芝麻來裹；或是以糙米取代白米。我吃過新竹百年老店新復珍的花生粩，外衣是用碎顆粒狀的花生，有別於一般的花生粉，香氣更勝，當然價格也略高一籌。

哪裡買

金興麻粩
地址：基隆市基隆廟口第62號攤位
電話：（02）2429-3592
價格：綜合240元／斤

新復珍
地址：新竹市北門街6號
電話：（03）522-2205
價格：花生粩130元／袋（半斤）
杏仁粩220元／袋（半斤）

玉珍齋
地址：彰化縣鹿港鎮民族路168號
電話：（04）777-3672
價格：豬油粩150元／包
杏仁球粩200元／包

高隆珍餅鋪
地址：雲林縣土庫鎮中山路98號
電話：（05）662-2760
價格：杏仁粩240元／斤，其他秤重

新復珍

綠豆糕・鹹糕仔

糕仔要做得綿細好吃，一定要用人工手作，因為糕仔粉的黏性強，若用機械攪拌不但難以均勻，還會結成一粒粒小團。

鹹糕仔中間以芝麻、甘草等中藥做成的餡料，吃起來甜甜鹹鹹的。

在眾多糕仔中，綠豆糕可說是最普遍的傳統口味了，幾乎台灣各地都有。它細緻香甜的高雅滋味，是昔日文人雅士品茗時不可或缺的點心。

此外，我記憶中還有一種半鹹甜的鹹糕仔，形狀長長扁扁的，上下兩層是純糯米粉的白色糕仔，中間夾層為芝麻、甘草等中藥做成的餡料。一般都是以紅紙包起來供佛，又稱「糕仔封」，小時候每次拜拜完，母親都會分給我們吃平安，每每一剝開，那股百草粉的香味即撲鼻而來，不懂事的我還以為這是長時間吸取線香味道的結果，心中不禁升起一股「心誠則靈」的感覺。

口感綿細　非手工不可

糕仔要做得綿細好吃，一定要用手工製造，因為糕仔粉（熟糯米粉）的黏性強，若用機械攪拌不但難以均勻，還會結成一粒粒小團，市面上有些店家則乾脆改用麵粉替代，並以機器成形，如此吃起來不僅口感「沙沙」的，質地也較鬆垮，嘴刁的人一吃就分辨得出來。所以，非得靠師傅扎實慢工的手藝，才能使糕仔粉和配料緊密結合，做出真正入口即化的糕仔。

鹹糕仔內餡的製作配方，每家糕餅店都不同，像基隆連珍糕餅店即將其視為祖傳秘方，連師傅都不知。至於綿密可口的綠豆糕，一般的做法是將綠豆去殼、炒熟後磨粉，加入熟糯米粉、拌上豬油及糖，再以模具

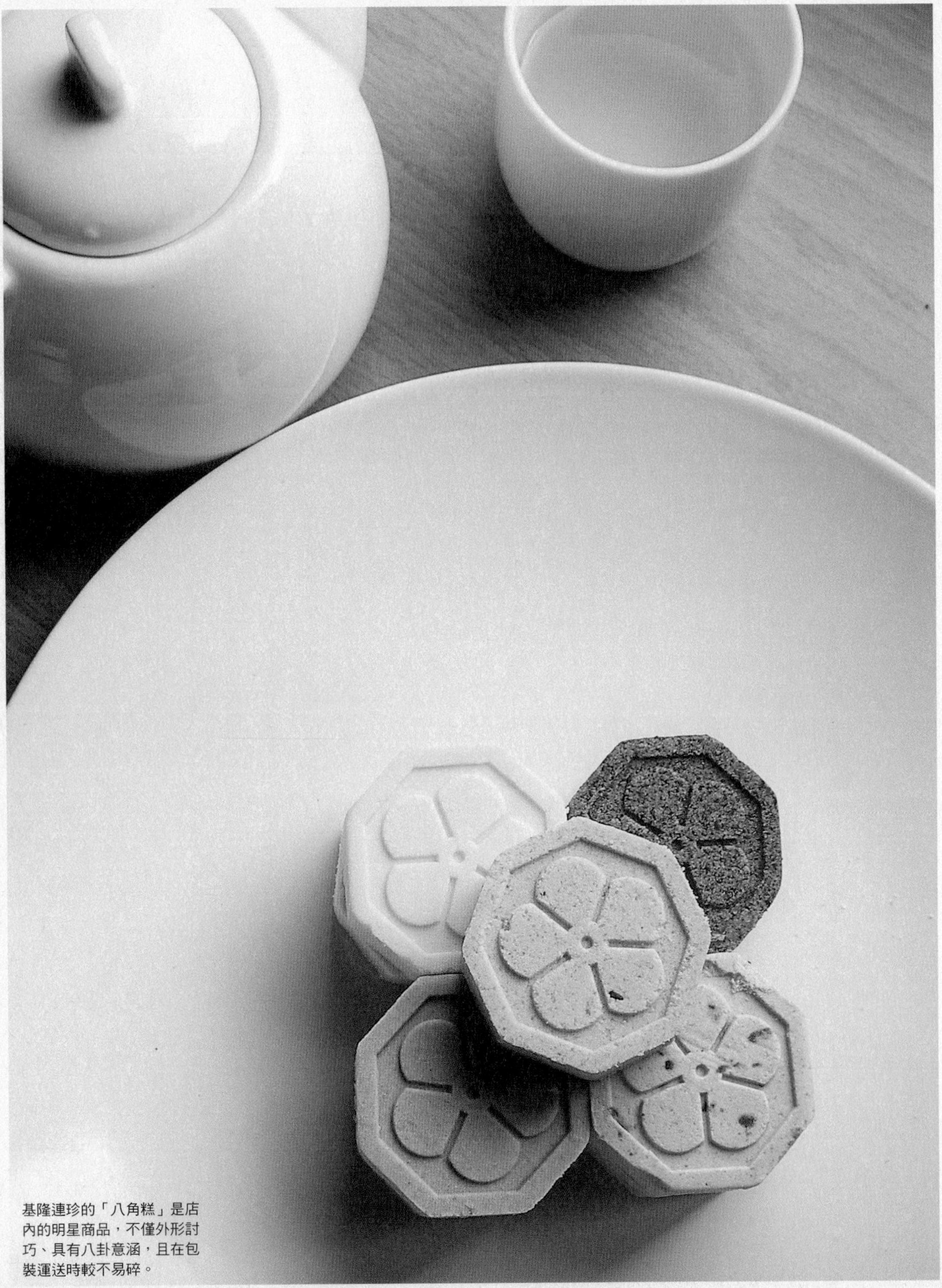

基隆連珍的「八角糕」是店內的明星商品，不僅外形討巧、具有八卦意涵，且在包裝運送時較不易碎。

簡單樸實的鹹糕仔，喚起許多老人家的回憶。

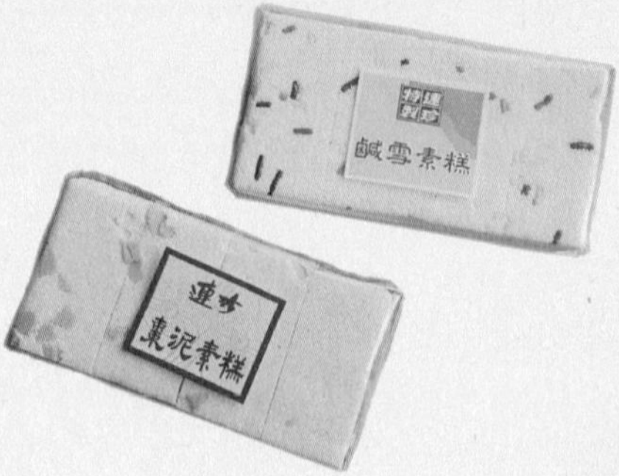

壓製成形；若以花生粉、芝麻粉或杏仁粉取代綠豆粉，則成為不同風味的花生糕、芝麻糕及杏仁糕。

台南地區的萬川號、舊永瑞珍老餅店有一種粉紅色的「涼糕」，即是以杏仁粉做成的，因吃起來口感冰涼而得名，裡面還包有烏豆沙內餡。用在嫁娶上，則有特殊造型的八菱花形訂婚涼糕，這是因為早期台南人重禮數，有餅必有糕；一套喜餅必須是一盒大餅加上一盒糕才算完整，所應運而生的產品。

在地創新 口味多元化

為了迎合現代人喜新求變的胃口，老店家在堅守傳統做法下，也研發出牛奶糕、桂花糕、話梅糕、蜜餞糕等嶄新口味。有的還設計成禮盒形式，作為伴手好禮，如鹿港玉珍齋的「遊奕糕」，就是把牛奶糕和綠豆糕做成棋子的造型，包裝盒內除附上棋盤紙外，並貼心地附有茶包，只要泡壺茶、擺上一局，就可以真正享受對奕中把對方棋子「吃掉」的趣味感。

除了以上介紹的幾種糕仔外，我在澎湖新清泰餅鋪吃到外形像朵蓮花造型的白色糕仔，是在本島從未見過的。這個蓮花糕的尺寸滿大的，長約九點五公分，寬約六公分，且灑有彩色粉末；中間蕊心帶點粉紅色，兩側則有淡淡的綠色。老闆告訴我這是做來拜拜用的，我試嚐一口，發

1. 新莊老順香的糕仔常用於拜拜祭祀上。
2. 台南人嫁娶使用的八菱花形訂婚涼糕，造型十分特別。
3. 台南的粉紅色涼糕是以杏仁粉做成的，吃起來口感冰涼，還包有烏豆沙內餡。
4. 可以一邊下棋、一邊品嚐的「遊奕糕」，是玉珍齋的產品，不論送禮、自用都合宜。

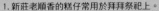

台北龍月堂的綠豆糕、鹽梅糕鬆散細緻，幾乎一碰就粉碎，是老師傅以手工壓模成形。

純綠豆仁做的「綠豆黃」

目前市面上販售的綠豆糕，大致可分為褐色與淡黃色兩種。褐色的糕屬於傳統閩南式的做法，是以綠豆去殼炒熟後磨粉、拌上糯米粉來製作，如連珍、玉珍齋的產品都是；而淡黃色的綠豆糕，則是用熟綠豆仁直接壓模而成，不添加任何糯米粉，所以水分多，需要冷藏。如果嚴格以米製點心的角度來看，淡黃色綠豆糕比較正確的名稱應該叫做「綠豆黃」（而不能稱「糕」），是屬於大陸北方的點心。

以熟綠豆仁直接壓模而成的綠豆冰糕，內包紅豆沙餡。

現它有令人意想不到的硬脆口感，更讓人驚訝的是中間居然還包有芝麻餡，滋味鹹鹹甜甜的，與一般作為茶點的鬆軟糕仔印象大為不同。

小小的一塊糕仔，不經意地透露出常民生活的訊息；這種有飽足感的糕仔不僅是祭祀的供品，想必也是出海人必備的乾糧，因此體積大、口感也扎實，反應出澎湖海島截然不同的飲食文化風情。

澎湖新清泰餅鋪的「蓮花糕」口感相當扎實。

基隆中元普度的「糕盞」。

哪裡買

連珍糕餅店
地址：基隆市愛二路42號
電話：（02）2422-3676
價格：八角糕25-30元／包（4入）
百年糕餅店「連珍」，是台灣少數以糕仔為主力產品的店家，以一塊塊傳統的老糕點和基隆人搏感情；八角糕為店裡熱賣的明星產品，有綠豆、花生、牛奶、芝麻、雪梅五種口味，並積極研發各式素糕及養生糕。

龍月堂糕餅鋪
地址：台北市延平北路二段169號
電話：（02）2557-8767
價格：鹽梅糕、綠豆糕18元／包
成立於日治昭和7年（1932）的龍月堂，店內售有綠豆糕、鹽梅糕、花生糕等古早糕點，這些一碰就幾乎粉碎的糕，都是老師傅以手工壓模敲打而出，再一一包在復古的紙張裡，細看糕仔上頭還有典雅的迷人圖案，很令人懷念。

老順香餅店
地址：新北市新莊區新莊路341號
電話：（02）2992-1639
價格：20元／包（6入）
新莊百年老餅店，以糕、鹹光餅聞名，物美價廉，與當地宗教文化息息相關。

玉珍齋
地址：彰化縣鹿港鎮民族路168號
電話：（04）777-3672
價格：遊奕糕360元／盒
想購買遊奕糕的民眾最好先來電預訂，以免向隅。

萬川號餅鋪
地址：台南市民權路一段205號
電話：（06）222-3234
價格：涼糕55元／包（4入）

新清泰餅鋪
地址：澎湖縣馬公市中華路5號
電話：（06）927-2666
價格：蓮花糕20元／個

鳳眼糕

這種糕乾，甜度適宜，色澤又佳，入口即散，能夠使舌尖發生一種芬芳冰冷的快感，實在是很高雅的茶點。——洪炎秋

鳳眼糕是鹿港才有的精緻糕點。

「鳳眼糕」，是全台灣只有鹿港才有的糕點，因中間圓凸、兩端尖尖的外形有如鳳眼而得名，每塊長約三點五公分，一塊一口，吃起來一點負擔也沒有。不過吸引我的，除了典雅的造型外，還有它背後濃厚的故事與文化意涵。

鹿港人常說：「富貴三代，方知飲食。」由於米與糖曾是鹿港重要的輸出品，將米磨成細粉拌入糖所製作的糕仔，自然成為當地人常吃的點心；加上清末的鹿港已歷經長久的富庶繁榮，富商名流往來眾多，宴客佐茶總少不了糕點相配，因此講究尺寸嬌小、強調作工精緻，便成了鹿港百年來的糕餅特色；其中又以鳳眼糕最具代表性。

白糖埋地底　口感創新

鳳眼糕是鹿港富商黃錦從泉州請來到府服務糕點師傅的手藝，吃過的人，莫不稱讚有加，也因此間接促成玉珍齋餅店的成立，可說以「品味糕餅」起家，使現今鳳眼糕得以在鹿港開枝散葉。其中鄭玉珍、鄭興珍餅鋪的祖師，就是當年在黃錦府邸服務的泉州師傅之一：鄭槌。

鳳眼糕的原料十分簡單，僅以糯米粉加糖製作，但與眾不同的是，傳統所用的不是一般白糖，而是將白糖裝入大缸內，放在地窖半年使其自然液化成糖絲，再取出混合糯米粉，以鳳眼造型的模具塑形而成。整個製作過程完全不加一滴水，以免經過一夜風乾、水分蒸發後，糕仔易粉

鳳眼糕強調使用的白
糖需放置地窖半年使
其液化成糖絲，如此
作工足以表徵鹿港過
往的富庶與繁榮。

1. 鳳眼糕除了白色原味外，現又多了巧克力、梅子等口味，以爭取現代消費者的認同。
2. 以前五小塊一包，以印有紅字的白紙包起以免受潮，現在則是一大盒百多入。
3. 玉珍齋已傳承到第五代黃一彬的身上。

碎不成形。如此繁複而講究的作工，可說充分展現鹿港鼎盛時期精緻的飲食生活。

到了日治時期，鳳眼糕也深受日本人的喜愛，屢屢獲獎，文人雅士還賦詩歌頌，如詩人莊太岳寫道：「星牌兩盒豬油粩，爽口三包鳳眼糕；一樣玉珍新與舊，各將牌匾競爭高。」菊隱也曾云：「糕名鳳眼玉珍齋，柿粉調成白最佳，入口津津涼且嫩，祇應博會賞金牌。」可知其於糕餅界占有舉足輕重的地位。

不過，到底鳳眼糕與柿粉有什麼關聯呢？「『柿粉』指的是柿子晒乾後表面自然形成的糖分結晶，是糖類中的極品；這句話的真義，是指我們把鳳眼糕的糖，製造成像柿粉一樣的綿密，用來形容鳳眼糕糖的珍貴。」經過玉珍齋老闆黃一彬的說明，讓我不得不佩服前人的才學，用字之精闢。

舌尖感冰涼　高雅芬芳

從現代的角度來看，也許會覺得鳳眼糕只是口感甜甜的、沒什麼特別，但是這種藉由糖分的變化而產生涼爽口感的製糕技術，在當時可說相當高級稀罕，是有錢人家才吃得到的點心。關於這一點，文學家洪炎秋也有深入的描寫：「這種

糕乾，甜度適宜，色澤又佳，入口即散，能夠使舌尖發生一種芬芳冰冷的快感，實在是很高雅的茶點。」

受制於現行的衛生法規，目前鳳眼糕已無法遵循古法將白砂糖埋於地下發酵，因此如何保持傳統原味，便是各餅家重要的課題。然而，不管這項糕點如何演變，它始終於鹿港糕餅史上占有一席之地，也是台灣傳統糕點的代表，每每讓老一輩人懷念，專程到鹿港來尋它。其實，對於許多人來說，好不好吃反倒其次，重要的是其中含藏著點滴珍貴的歷史回憶，那股甜蜜滋味常在心頭縈繞不去……

哪裡買

玉珍齋

地址：彰化縣鹿港鎮民族路168號
電話：（04）777-3672
價格：綜合160元／盒（200入）

坐落在民族路與中山路交叉口的玉珍齋，是每一位來到鹿港的民眾，品味小鎮必訪之地。這家創立於清光緒3年（1877）的百年糕餅鋪，以台灣傳統糕點聞名，店內眾多產品，可概分為入口即化的「糕」、爽脆不黏的「粩」、香酥可口的「酥」以及各式「餅」類，著名的鳳眼糕、綠豆糕、豬油粩　　，都是令人難忘的古早味點心。玉珍齋不僅致力於保留傳統，也積極開發創新。

鄭玉珍餅鋪

地址：彰化縣鹿港鎮埔頭街23號
電話：（04）778-8656
價格：綜合120元／盒（90入）

鄭興珍餅鋪

地址：彰化縣鹿港鎮中山路153號
電話：（04）778-5151
價格：綜合120元／盒（90入）

鄭玉珍、鄭興珍皆為鄭槌後代所經營，店內展示有當年鄭槌於明治、大正、昭和時期遠赴日本參賽得到的各項獎狀，以示高超的手藝。餅店保留老祖宗獨門的製糕技術，以鳳眼糕最受歡迎，除傳統的雪白原味外，另研發綠茶、檸檬、花生、綠豆、鹹芝麻等多種口味。

糕仔潤

用炒熟的糯米粉蒸煮而成的糕仔潤，口感扎實且耐碰撞，既能在中元普度的供桌上敬拜好兄弟，也能變身為傳播基督福音的聖誕糕。

新莊老順香餅店為迎接聖誕節所做的聖誕糕（右）與淡水三協成餅鋪所保留的聖誕糕糕模（左）。

每到農曆七月，幾乎家家戶戶都會準備豐盛的供品祭拜好兄弟，尤以基隆的中元普度更是全台焦點。主要負責供應祭品的連珍糕餅老店，總是在這個時節擺滿了各式各樣的糕點，尤其是做成六種不同大小的圓形「糕仔潤」，讓人印象特別深刻。

口感扎實 敬拜好兄弟

由於一般都習慣把普度供品高高堆疊起來，好讓遠方鬼神得以看見，前來接受饗宴，因此糕仔潤也分成不同尺寸，方便民眾可由大到小層層堆高，像座塔一樣，亦有如佛教經典中的浮屠。

老闆娘郭克伶告訴我，以製作方式來說，糕仔大概可分為兩種：一是將糯米炒熟後磨粉、摻入糖及餡料揉拌均勻後，再以模子塑形而成（如常見的綠豆糕），這類糕仔質地細緻、入口即化、香氣十足，因甜度較高，常作為休閒糕點，搭配清茶一起食用；另一種則是以炒熟的糯米粉調味後蒸煮製作而成，此即「糕仔潤」，吃起來較Q、扎實、易有飽足感，口感與前者明顯有別。糕仔潤多半做成綠豆（甜）及油蔥（鹹）兩種口味，色澤一褐一白，經常拿來當作農曆七月普度拜拜的供品。

存放容易 用途更廣泛

有趣的是，糕仔潤因質地較韌，不像糕仔一碰就碎，過去也曾被賦予

糕仔潤用在七月普度上，特別製作成多種不同尺寸以供民眾堆疊祭拜。

政治或宗教宣傳的使命。例如日治時期，台灣總督府為配合日本國內慶典，製作刻有「日本太陽旗交錯+祝字」的糕仔潤，分送給學童吃。此外，在淡水三協成餅鋪的糕餅博物館中，我也發現有淡水福佑宮「天上聖母」的糕模，以及昔日淡水教會於聖誕節前發贈給信徒的聖誕糕糕模；圖案為三位博士騎乘著駱駝，在北極星光的引導下，朝向耶穌誕生的馬廄前進，其上還有「祝聖誕」三字。

餅店老闆李志仁說，教會運用台灣民間所用的糕模，刻上聖經故事，是表明其入鄉隨俗、融入當地文化的決心。另一家新莊老順香餅店也有聖誕糕及祭孔智慧糕的製作，充分顯示糕仔潤已跳脫單純作為中元普度祭品的用途，而更貼近我們的生活。

哪裡買

連珍糕餅店
地址：基隆市愛二路42號
電話：（02）2422-3676
價格：100元／袋（5入）

三協成餅鋪
地址：新北市淡水區中正路81號
電話：（02）2621-2177
價格：30元／個

老順香餅店
地址：新北市新莊區新莊路341號
電話：（02）2992-1639
價格：20元／個

紅片糕

如何讓紅片糕吃起來有Q軟適中、香脆又富有彈性的口感，可得全憑師傅們多年老道的經驗，才能把清淡的香蕉味和炒熟的糯米粉恰到好處地揉合在一起。

連珍的「虹片條」吃起來Q軟有彈性。

紅片糕，也有人稱之為方片糕、皇片糕、鳳片糕、虹片糕、肪片糕或豐聘糕；這麼多個名稱，其實都源自於台語稱這「切成片片方形的紅色粿仔」的諧音。

雖然一樣是糯米做成的點心，名字當中也有個「糕」字，但紅片糕的形狀與外觀比較接近紅龜粿，不過做法與風味卻又與紅龜粿大不相同。

步驟較簡便 社會轉型的產物

製作紅片糕，首先得將糯米（有時還會混合在來米或蓬萊米）入鍋炒熟、磨成細粉，然後加入糖漿，用花生油及香蕉油調合搓揉成帶有韌性的油麵，放入「粿印」中印壓成扁平狀，再染上紅色即完成；有些還會把油麵做成麵皮，包入調好的冬瓜糖、白糖、芝麻等餡料。整體而言，紅片糕的製作工序不似紅龜粿那樣需要反覆蒸煮。

根據學者宋龍飛於〈從民俗中探尋龜祭文化的根〉一文的看法，這是由農業社會過渡到工業社會應運而生的產物，一方面都市生活繁忙，人們愈來愈沒有時間自己動手做祭祖敬神的供品；另一方面傳統的紅龜粿雖然好吃，卻不耐久放，而一般糕餅店製作紅片糕的材料均屬現成，只需印壓染色就好，相當簡便迅速，因此大家多轉而向糕餅店直接購買成品。

連珍的「虹片捲」是店內的特色產品，其淡紅色外皮是以草莓香精染色，中間再包裹白色的糯米粉及黑色棗泥。

紅片糕也常運用在宗教祭祀的牲禮製作上。

Q軟好塑形　普度拜拜素牲禮

不過，如何把清淡的香蕉味和炒熟的糯米粉充分地揉合在一起，捏到Q軟適中的程度，可是全憑老師傅們多年老道的經驗，才能讓紅片糕吃起來香脆又富有彈性，還便於保存。

除了當成糕點來吃，也有店家針對素食祭拜者，推出紅片糕做成的三牲、五牲的牲禮。我在農曆七月來到基隆連珍的製作工廠，他們正忙碌地趕工，從一斤重的小豬公、到二十斤重的大豬公；或是以紅片糕捏出豬頭、以各種餅黏貼成身軀的鳳梨酥豬公、老婆餅豬公……，還有雞、羊、烏龜等吉祥動物的造型。各式各樣的素食牲禮是該店的一大特色，也讓人對傳統糕點在宗教祭祀上的延伸應用歎為觀止。

哪裡買

連珍糕餅店
地址：基隆市愛二路42號
電話：（02）2422-3676
價格：虹片捲30元／包（4入）；虹片條40元／盒（6入）

龍月堂糕餅鋪
地址：台北市延平北路二段169號
電話：（02）2557-8767
價格：15元／包（2入）

黑糖糕

吃起來軟Q彈牙、香甜不膩的黑糖糕，有段漂洋過海的異國身世，在澎湖生根落腳後，從早年廟會拜拜的供品，成為今日旅人必買的超夯伴手禮。

有沒有想過，黑糖糕雖然名為「糕」，但口感與風味卻和糕仔截然不同，反倒和「發粿」比較相像？沒錯，黑糖糕的緣起，其實就是黑糖口味的發粿。

發粿的原料簡單，只需砂糖、在來米粉及發粉。傳統農業社會在農曆十二月二十四日送神完畢後，就要忙著炊粿，包括甜粿、發粿、菜頭粿等，由於發粿有期許來年「發達、發財」之意，製作時最忌諱小孩子在灶旁玩鬧、講不吉利的話，以免粿「發」不起來。

溯源沖繩 在地創發

一般我們在市面上買到的發粿，都是以碗盛裝，表面隆起、開裂如花朵盛開的造型；而名聞遐邇的澎湖黑糖糕，卻是切成方正小塊的禮盒包裝，因方便攜帶與保存，深受遊客喜愛。

這款黑糖口味的糕點，最早還與以黑糖馳名的沖繩（琉球）有著一段淵源。它的前身是「琉球粿」，在日治時期由一位琉球的丸八師傅傳到澎湖，並從此在當地流傳開來，早期是廟會拜拜常用的祭品，蒸成

澎湖創始老店——源利軒所做的黑糖糕組織綿細，是因為多了一道研磨的手續。

黑糖是種未經提煉的純糖，保有甘蔗的天然風味及多種維生素、礦物質，營養價值高。

如圓形茶盤大小的一整個，再切割販售；如今不但形狀、大小改變，連原料也予以改良，酌量加入麵粉的黑糖糕不僅沒有純在來米粉做的硬硬粉粉的口感，放久一點也不會硬掉。

其實，黑糖糕一躍而成澎湖當地炙手可熱的伴手禮，是這近十多年來的事。創始店源利軒的老闆陳春雄回憶說，

由於澎湖黑糖糕的風行，不少店家也紛紛跟進製作，成為普遍的下午茶點之一。圖為台北故宮「三希堂」的桂圓黑糖糕。

台灣光復後一個圓形茶盤大小的黑糖糕才賣五角而已，後來切塊在麵包店裡販售，一塊也才一元；現在卻是百家爭鳴，幾乎每家都爭著做黑糖糕，實在是始料未及。

原色原味　黑糖飄香

為了使黑糖糕吃起來口感綿密細緻，陳春雄老闆表示，在製作上必須將黑糖與麵粉先經過一道研磨的手續，再放入攪拌器中混合均勻；過程中為了避免糕身過度發酵、體積過度蓬鬆，加入發粉後不須靜置，一攪拌完就可直接放到方形的容器內，大約蒸煮兩個小時。在未添加任何化學色素下，黑糖糕呈現的應是自然的黑糖原色，且聞得出濃郁的黑糖香味，但有些業者為了薄利多銷而過度發酵，使得糕身組織千瘡百孔；這一點光用肉眼就可分辨出品質好壞。

因為不加防腐劑，所以賞味期限相當短，以兩天內吃完口感最佳。由於黑糖糕在台灣各地很流行，現在幾乎到處都吃得到，但我還是最鍾情從澎湖漂洋過海而來的，尤其是兩家原創老店的黑糖糕，因為，就是喜愛那軟軟ＱＱ、香香甜甜的道地黑糖原味！

黑糖糕其實就是黑糖口味的發粿。傳統發粿都是以碗盛裝，裂開猶如花朵盛開一般，習俗認為粿越開表示越「發達」。

哪裡買

源利軒黑糖糕

地址：澎湖縣馬公市仁愛路42號
電話：（06）927-6478
價格：100元／盒

春仁黑糖糕

地址：澎湖縣馬公市中正路7巷1號
電話：（06）926-3498
價格：100元／盒

這兩家店分別是陳春雄與陳春仁兩兄弟所開，其父親陳克昌曾於日本人經營的「水月堂」糕餅店工作，向琉球來的丸八師傅習得製作「琉球粿」的技術。民國80年左右，由長子陳春雄繼承手藝、進行機器改良，陳春仁動腦筋改以小塊的禮盒包裝，才有今日黑糖糕躋身澎湖名產的盛況。

紅龜粿．草仔粿

做粿是傳統農村婦女都會的手藝；無論是紅色喜氣的香Q紅龜粿，或是皮薄餡多帶草香的草仔粿，都充滿著阿嬤時代的懷舊滋味。

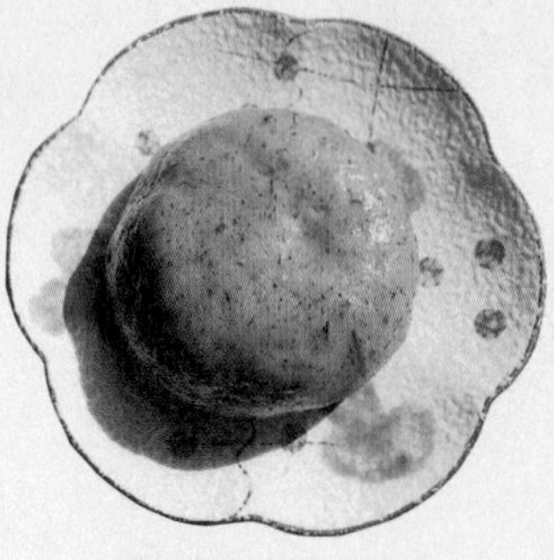

帶有淡淡草香的草仔粿。

紅龜粿，顧名思義即粿上有一隻紅龜的造型，「龜」與台語「久」音近，自古以來就是長壽的象徵，又染成紅色，十分討喜，因此使用的範圍相當廣泛，不論是過年過節、神明誕辰，或是滿月、結婚、做壽等喜慶場合，都少不了紅龜粿，是很有台灣特色的供品與點心。

生米熟米混搭　揉出香Q口感

早期每戶人家幾乎都有一隻木製「粿印」，以應付年節的需要，做粿是傳統農村婦女都會的手藝；我住在雲林虎尾鄉下的外婆也不例外。由於做法相當繁複，小時候常看她一大早就先將浸過一夜的糯米洗淨、磨成米漿，然後在等待米漿脫水的同時，一邊準備紅豆、花生等餡料；之後，將壓乾的濕米粉塊揉捏出韌黏感，再取部分放入鍋中煮熟（此一部分稱為「粿脆」），接著取出與未煮熟的米粉塊一起揉壓。半生半熟的糯米糰經過反覆揉捏，會增加它的黏性與Q度。

這時候，再把「紅花米」加進糯米糰中，染成喜氣的紅色。所謂「紅花米」，指的是早年用來當作食物染料的一種菊科植物，但如今市面上則是以工業食用紅色六號色素來取代，一般傳統雜貨店都有賣。我們現在常吃的紅湯圓、紅龜粿、紅米龜等糕點，都是因為摻了這種染料才如此鮮紅的。

之後取出大小適當的糯米糰，將餡料包入，再用手掌壓扁。然後在粿

紅龜粿上有烏龜造型，
十分討喜；不論是神明
誕辰或是滿月、結婚、
做壽等喜慶場合，都少
不了它。

草仔粿好吃的祕訣，在於皮薄餡多，尤其是餡料的口味更是判別優劣的重點。

印內抹一層薄薄的油，將粿糰壓上粿印，一個個刻有龜、桃等吉祥圖案的紅龜粿即大功告成。最後，下面襯張芭蕉葉，放入蒸籠蒸十五至二十分鐘，就可以吃了。

清香鼠麴草
有阿嬤的味道

相較於紅龜粿是紅的，還有一種色澤略呈灰綠的「草仔粿」，又稱為「鼠麴龜粿」，常作為清明掃墓時祭拜的食物，現已變成普遍可見的鄉土小吃，如九份、深坑、平溪和奮起湖等山城均開發出多種口味的草仔粿。這是取鼠

閩南人的「粿」就是客家人的「粄」，包有蘿蔔絲、蝦米的白色客家菜包，與草仔粿很相似。

綠豆口味的草仔粿，另帶有一股濃厚的薑味。

麴草的嫩葉、花蕊，經洗淨燙煮、搓揉沖洗、去除異味後，切細加入糯米糰中做成的粿，一般農曆十月農田收割後，田地間常可見全株白茸茸的鼠麴草，約初春長至二寸高時摘採，最為幼嫩，農婦多趁此時將其洗淨晒乾儲藏，以備逢年過節做粿時用。

曾在一篇報導上看到，民俗學者林衡道的長女林蕙瑛，談起她父親生前最喜歡的點心有三樣，紅龜粿尤其是他的最愛，即使年紀大了，還是可以整塊吃完；可見紅龜粿在老一輩人心目中的魅力。而我，則獨鍾皮薄餡多的草仔粿，尤其是包有菜脯米的，因為淡淡的草香搭配充滿嚼勁的口感，都讓我覺得很有阿嬤的味道。

哪裡買

一般傳統市場都有販售，一個約為20~25元。

菜頭粿

雖說現在一年四季無時無刻都吃得到菜頭粿，但每逢年節時分，總讓這道傳統粿品格外引人，或許是當令菜頭正甜美，加上「好彩頭」的新年祈願慰人心！

加有蝦米、臘肉、油蔥酥、香菇等配料的港式蘿蔔糕。

冬天是菜頭（白蘿蔔）盛產的季節，便宜又好吃，不論是與排骨一起燉湯、或是紅燒滷煮，都讓人垂涎欲滴。由於菜頭與「彩頭」諧音，傳統認為吃菜頭就會有「好彩頭」，因此每到過年，餐桌上就少不了菜頭粿的身影。

昔日農業社會，家家戶戶都要自己炊粿以迎接新年；進入工業時代，生活相對緊張忙碌，許多人未必有時間、心思準備，只好買現成的來應應景；像是我母親，家裡經營理髮廳，她都要忙到除夕晚才能休息。一直到我嫁作人婦，才從婆婆身上學到了製作菜頭粿的手藝。

當令菜頭 平實粿中現美味

傳統做粿，必須靠自己動手將泡好的在來米磨成米漿；現在則方便許多，只要到超市買包在來米粉就能輕鬆解決。至於菜頭由於「著時」（台語，意即當令），怎麼買都好吃，中等大小買個四條、加上些許乾香菇，就可做出一大盤的菜頭粿，全部材料加起來也不出一百元，比起菜市場小小一塊就要七、八十元，划算多了。而且，因為是自己製作的，用料自然很大方，每一口都吃得到蘿蔔絲，不像有時外頭採買的，只吃得到粉漿。

婆婆吃素，做菜頭粿時，她會加很多胡椒粉來提味，使得風味格外不同，雖然不像港式蘿蔔糕放入臘肉、油蔥酥、蝦米及香菇等那麼花俏、

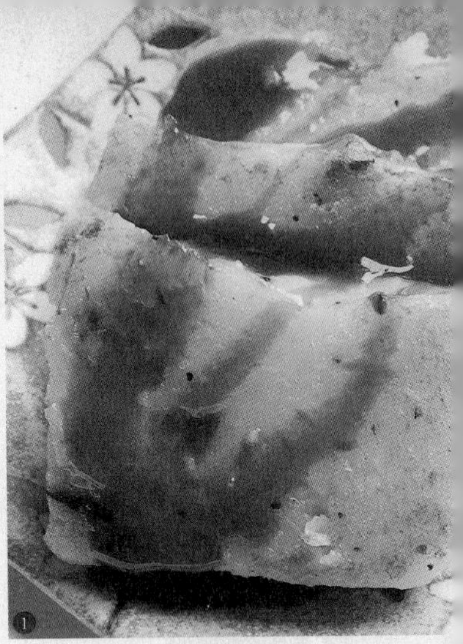

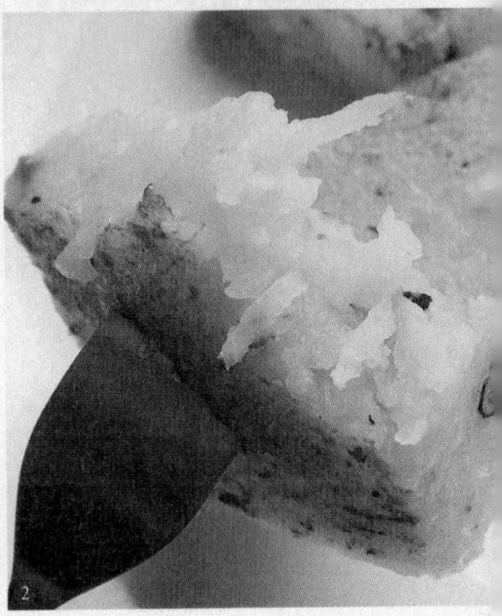

1. 菜頭粿只要蘸點西螺的黑豆醬油就十分好吃。　2. 滿滿蘿蔔絲的菜頭粿，是外面買不到的。
3. 吃菜頭就會有「好彩頭」，因此每到過年，餐桌上就少不了菜頭粿。

豐富的配料，卻更能吃出菜頭的清香甜美。

　菜頭粿的吃法，可以煮湯變成粿仔湯，也可以乾煎；記得準備一只不沾鍋，才能煎出黃黃酥脆的表皮，如果粿本身的味道夠，甚至不用沾醬都很好吃。對我來說，則只要一瓶西螺的黑豆醬油就夠了，因為自製的足料菜頭粿，蘸著純釀造的鹹甜醇香，不啻是「人間美味」，可口好吃極了。

哪裡買

一般傳統市場都有販售。

甜粿

兄弟姊妹當中，唯獨我喜歡吃甜粿；無論是趁新鮮品嚐原味的甜軟香Q，或是沾上蛋汁煎熱來吃，從小到大，我都是在甜粿的單純美味中，有了最好的新年祝福！

加有蓮子、枸杞、桂圓等多樣食材的「養生年糕」。

常聽我阿嬤講一句話：「阮阿禎仔跟她阿公一樣，都愛吃甜粿。」這是我對阿公的唯一想像，因為我從未見過他老人家。

甜粿（年糕的台語稱法），和菜頭粿一樣都是過年的吉祥食物，也是家家必備的年貨。俗諺云「甜粿甜年」、「呷甜甜，好過年」，所以用糯米做成黏黏甜甜的口感滋味；而年糕的「糕」又與「高」同音，因此有著來年步步高升的吉祥寓意。傳統的甜粿是紅砂糖做的，呈現淡淡的褐色；後來才有紅豆、黑糖等其他口味，以及加入養生食材如蓮子、枸杞、桂圓等做成的「養生年糕」。

單吃原味、沾蛋煎香兩相宜

約莫過年前一星期，傳統市場就陸陸續續出現賣甜粿的商家，有真空包裝好的，也有只用保鮮膜包起，強調是自己剛炊好的成品，各家口味不一；不過所使用的食材天不天然、有無其他添加物等，都是影響口感的關鍵。真正做得好的甜粿光是切片吃，就可吃出它Q軟的香甜，像在吃羊羹一樣。

家中四個兄弟姊妹，只有我喜歡吃甜粿，所以每年的甜粿幾乎都是我負責消化。為了怕食物久放腐壞，我母親都會把它切成薄片、然後分裝冷凍起來；想吃就取一包解凍，再打個蛋一起煎軟，就是一盤香噴噴的

切成薄片的甜粿，吃起來幾乎與羊羹沒兩樣。

煎甜粿。

很多人煎甜粿，入鍋前會先裹上麵粉，但我喜歡直接切薄片、沾點蛋汁就下鍋；必須要注意的是，火不可太大，否則粿身還沒軟，蛋汁就焦黑了。如此由文火煎出來的甜粿，蛋汁才會在表面形成薄薄一層的酥脆口感。

無論是趁新鮮品嚐原味的甜軟香Q，或是沾上蛋汁煎熱來吃，三十多年來，我都是在甜粿的單純美味中，有了最好的新年祝福！

哪裡買

一般傳統市場都有販售。

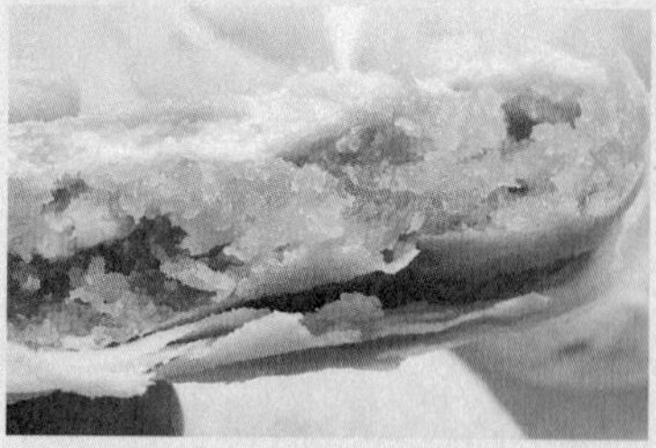

古早風味餅

為讓後人知道一百多年前的祖先就是吃這個長大的，台灣有不少餅店力保傳統，遵循古法製作，以「阿祖級」的味道為特色。所謂「阿祖級」的味道，就是從過去到現在、延傳三代以上的做法與口味。因此，我們從六十年以上老餅鋪的產品中，可一窺傳統餅食的大致樣貌，例如：鳳梨酥、綠豆椪、番薯餅、酥餅、肉餅、大餅、香餅、柴梳餅、口酥餅等，都是熟悉的古早味。

早期，餅多半是富裕人家才吃得起的點心；地方仕紳交際往來間，常以糕餅相贈、或在茶餘飯後食用糕餅助興，間接促成了糕餅店的成立。在那物資較為貧乏的年代，「吃糕餅」可說是身分地位的表徵。而今，不但人人吃得起，且在烘焙技術進步、原料更趨多元的條件下，餅食種類千變萬化，是人們用來交流、溝通與表達情感的重要媒介。

鳳梨酥

有著「旺來」吉祥諧音的鳳梨酥，色澤金黃、外形四方，就像金塊一樣，很能滿足尋常百姓招財進寶的祈求。因此逢年過節時，母親總會在神明桌上擺一盒應應景，添添喜氣。

在傳統漢餅中，鳳梨酥可說是我心目中伴手禮的首選。香酥的餅皮、酸甜滋味的水果內餡，加上較長的保鮮賞味期，相當受到朋友的喜愛，也是來台觀光客必買的特產。對於鳳梨酥的愛好，可說是無國界之分！

伴手禮爭奪戰

有意思的是，二〇〇六年一場「台北伴手禮」的選拔，引發自許為「起源地」的台中市抗議，這段插曲無疑也印證了鳳梨酥受歡迎的程度，以及其背後深厚的文化底蘊。

想要追根究柢探索「鳳梨酥是哪裡的產物」，實在不容易，畢竟鳳梨酥的歷史已經超過百年；只能說按照地理環境來看，台灣中南部因為盛產鳳梨，廣泛運用、製作成傳統鳳梨餅、鳳梨酥，是有脈絡可尋的。相較之下，要說台北市跟鳳梨酥的淵源，就比較讓人摸不著頭緒。

時至今日，台灣生產鳳梨酥的店有好幾千家，遍布各地，除了台中鳳梨酥遠近馳名外，基隆李鵠餅店的口碑也不落人後；而根據台北市糕餅商業同業公會的統計，台北市的糕餅業者百分之九十九點九都有販售鳳梨酥。因此，與其說是哪裡的特產，還不如將之視為「台灣伴手禮」較為公允，也更能凸顯一九七〇年代台灣曾是鳳梨外銷王國的歷史地位。

高雄舊振南餅店的鳳梨酥是日本、大陸觀光客來台指定的伴手禮之一。

渾圓造型、豬油古早味

有著「旺來」吉祥諧音的鳳梨酥，金黃、四方的外形，就像金塊一樣，很能滿足尋常百姓招財進寶的祈求。過去，對於它方正的外形，我從來就沒有懷疑過，直到某次趁著高鐵開通到台南一遊，才在傳統老餅店內發現鳳梨酥的原型——它非但不是方的，反而做成圓的，並且是直徑六公分、高三公分的厚厚一塊。

百年老店「舊來發」的老闆娘說，她們家的鳳梨酥自曾祖父時代開始，就已經是這種造型，完全純手工製作，不同於機器大量生產的方正外形，感

目前的鳳梨酥，大多還是以冬瓜鳳梨醬來調製。

不論是西點麵包店或是中式糕餅店，幾乎全台各地都看得到鳳梨酥這項產品。

高雄鳳山吳記餅店推出的「富貴旺來」，外形為鳳梨的水果圖案，內餡則是鳳梨加上椰果。

覺像是鳳梨大餅的縮小版；吃起來口感相當渾厚扎實。

後來我在台中豐原的「老雪花齋」嚐到了以純豬油製作的鳳梨酥。

第二代老闆呂松吉指出：「鳳梨酥的主要特色在於它的表皮酥脆不乾硬、入口隨即鬆化，且呈現自然的餅皮香味；因此要以豬油來製作才能有此清香。」嚐慣了以奶油製作的鬆軟口感，我一時之間還無法分辨舌尖上的喜惡，但是對於老闆堅守傳統的態度，感到十分尊敬，他說到：「現在全台灣想找到以豬油製作的鳳梨酥，除了老雪花齋之外，其他沒得吃。雖然我的小孩一直罵我固執，但我一點都不後悔，因為傳統口味已經要消失了，以後才會覺得是寶。」

至於內餡，呂松吉強調，必須要以一斤冬瓜剉籤壓出水後，再加上四兩青酸的鳳梨來調製，而不是以完全熟透的鳳梨來製作。

從小吃到大，那時我才第一次知道，原來鳳梨酥的內餡不是「純」鳳梨。我想，將圓厚的外形、豬油風味的餅皮，加上扎實的鳳梨餡三者組合起來，應該就是古早鳳梨酥的雛形吧！

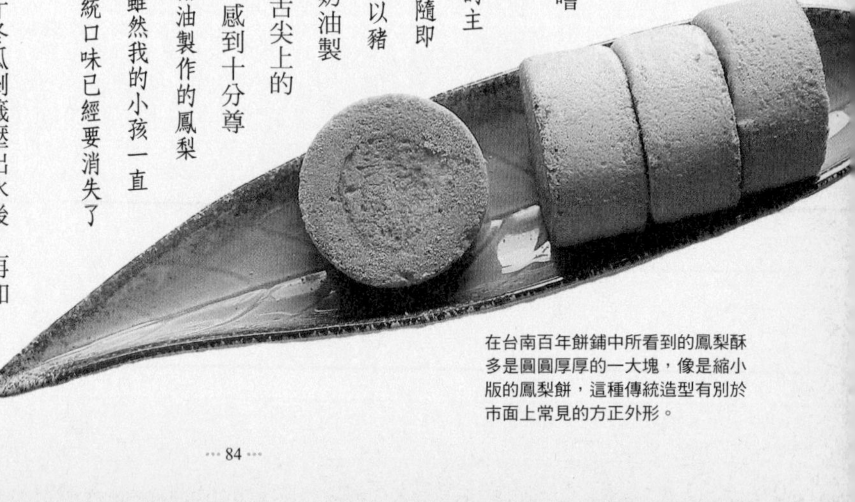

在台南百年餅鋪中所看到的鳳梨酥多是圓圓厚厚的一大塊，像是縮小版的鳳梨餅，這種傳統造型有別於市面上常見的方正外形。

維格餅家的鳳梨酥以27公克的外皮搭配23公克的內餡，完美的「黃金比例」讓它創下銷售佳績。

冬瓜、鳳梨曼妙二重奏

只是，明明叫做「鳳梨酥」，怎麼會變成「冬瓜鳳梨」的內餡呢？

根據老師傅的說法，這是因為早期純鳳梨醬製作的餅酸度太高、纖維粗又容易塞牙縫，口感不甚理想，經過糕餅師傅的多次實驗，終於找出了最速配的「冬瓜鳳梨醬」。由於冬瓜含水量高達百分之九十，纖維細緻，加入鳳梨、糖、麥芽等一起熬煮，吃起來「幼綿綿」，不但大大改善以往的缺點，且還能保持黃澄澄的鳳梨香味；加上冬瓜性涼，具有清熱解毒的優點，搭配有助於消化的鳳梨，兩者可說是絕佳拍檔。至於外層的餅皮，也是經過好幾次的改良，以天然奶油取代豬油，才呈現出今日大家所熟知的獨特風味。

好吃的鳳梨酥，必須具備不黏牙、不甜膩，帶有天然鳳梨香氣，外皮入口鬆化，和外形無凹陷、呈現均勻的金黃色等特點。根據台北市糕餅商業同業公會所訂定的「黃金比例」，鳳梨果肉必須占餡料

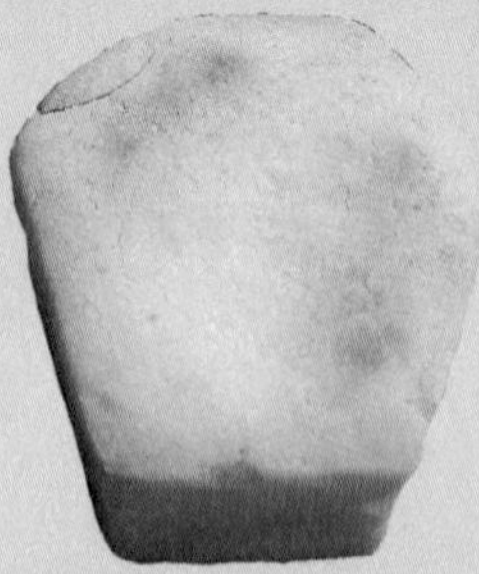

新北市平溪區的巧門麵包店結合當地的天燈文化，以鳳梨酥為雛形，研發出六角造型的「天燈餅」，內以各種果醬及抹茶等為餡。

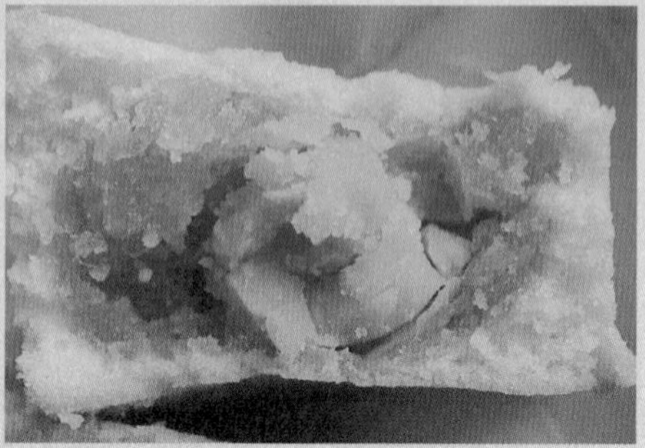

鳳黃酥是鳳梨加蛋黃的組合，別具風味。

太極造型的鳳梨酥，呈現黑黃二色，其中黑色部分是加入竹炭粉精製而成。

百分之二十以上、酥皮重量是餡料一點五倍、成品含水量不得高於百分之十二，以此標準做出來的鳳梨酥才能達到黃金境界。

第一屆台北鳳梨酥節榮獲「原味金賞獎第一名」的佳德糕餅老闆娘林月英表示，鳳梨酥首重原料的選取，她強調該店使用的是紐西蘭進口奶油，且以新鮮鳳梨自行製作鳳梨餡。而榮獲「人氣金賞獎第一名」的維格餅家則說，他們選用的是法國發酵奶油，口味偏酸可以中和鳳梨的甜味；並嚴選南投土產鳳梨，以百分之三十的鳳梨醬搭配百分之七十的冬瓜醬，堅持二十七公克外皮與二十三公克內餡的完美比例，讓皮與餡的分量恰到好處，也難怪能創下一個月賣出三十萬顆的好佳績。

推陳出新　大玩創意

雖然只是小小一塊鳳梨酥，卻因內餡與餅皮在原料上的巧妙組合，而有著千變萬化的風貌。有的堅持走傳統路線，讓下一代子孫知道阿祖級的古早口味，如老雪花齋至今仍然以豬油來製作；台中的日

哪裡買

李鵠餅店
地址：基隆市仁三路90號
電話：（02）2422-3007
價格：160元／盒（10入）
人稱「李仔ㄎㄡ」，是基隆赫赫有名的百年餅店，以綠豆椪、咖哩酥、鳳梨酥最負盛名。

佳德糕餅
地址：台北市南京東路5段88號
電話：（02）8787-8186
價格：原味336元／盒（12入）
自2006年榮獲台北第一屆鳳梨酥節「原味鳳梨酥金賞獎第一名」後，開始聲名大噪，並繼續勇奪第二屆鳳梨酥節「創意鳳梨酥金選獎第一名」。

維格餅家
地址：台北市酒泉街76號
電話：（02）2599-7533
價格：360元／盒（10入）
是一間極富創意的店，鳳梨酥榮獲台北第一屆鳳梨酥節「人氣金賞獎第一名」；並融合鄰近孔廟之文化特色，以竹炭與鳳梨酥結合，獨創「墨條酥」與「太極鳳梨酥」。

俊美餅品（大進店）
地址：台中市南屯區大進街301號
電話：（04）2325-4335
價格：180元／盒（10入）
台中市知名的糕餅店，創立於西元1989年，以鳳梨酥、杏仁片和松子酥著名。

日出乳酪蛋糕（旅人店）
地址：台中市西區中港路一段382號
電話：（04）2311-2001
價格：360元／盒（15入）
創立於西元1998年，以乳酪蛋糕起家。土鳳梨酥強調使用「2號仔」鳳梨所製作，因此具有偏酸的口感，但卻可以中和濃厚奶香的酥皮，酸甜滋味恰到好處；加上極富設計感的包裝，深獲各界好評。

老雪花齋餅行
地址：台中市豐原區中正路212巷1號
電話：（04）2522-2713
價格：300元／盒（12入）
堅持以傳統純豬油製作鳳梨酥的老餅店，嚐得到百年好口味。

舊來發餅鋪
地址：台南市自強街15號
電話：（06）225-8663
價格：30元／個
詳細介紹請參閱P. 129

舊振南餅店
地址：高雄市中正四路84號
電話：（07）288-8202
價格：450元／盒（12入）
鳳梨酥採用新鮮鳳梨加冬瓜膏製成，蛋奶素食者可食，從攪拌奶油、麵粉，一直到分割、整形，烘烤，再加上獨家配方的調和，呈現出外皮香酥，不帶細末，入口即化的好口感。

出、台北的李亭香則都標榜他們用的是純台灣鳳梨醬，絕對不加冬瓜膏，回歸鳳梨酥之名。

而外形上，儘管小長方形或正方形仍是主流，但也有別出心裁的「愛心」、「台灣」、「太極」、「貝殼」以及「墨條」等獨創造型的鳳梨酥。其中「太極鳳梨酥」是維格餅家花了一整年所研發的作品，採「太極生兩儀」之生生不息的概念，做成黑白兩色；白色部分是加入帕瑪森起司粉的傳統金黃鳳梨酥皮，黑色餅皮則是加入了健康竹炭粉精製而成，兩相輝映，相融而成太極陰陽餅。另外，新北市平溪區的六角形「天燈餅」，也可說是鳳梨酥的變形。

內餡上，除了傳統的鳳梨加冬瓜醬，有的則嘗試加入椰果、乳酪等，以創新口味；而最為人所熟知的，就是加了蛋黃的「鳳黃酥」——這個名稱取得好，既讓人一眼明瞭它的口味內容，又有「鳳凰」的吉祥諧音。鳳黃酥吃起來酸甜中帶著鹹香，別有一番風味。只是擔心熱量高、怕膽固醇的人，可得練就自我克制的功夫，別吃太多。

綠豆椪

我喜歡它多層次的油酥皮，尤其是加了滷肉的，油脂加熱會滲透到綠豆沙餡內，吃起來口感細緻不哽喉，也更能烘托出綠豆沙的清香！

外形圓白小巧，有如乒乓球一般的綠豆椪。

綠豆椪是我家每年中秋節必備的月餅，可能因為家住台北士林的地緣關係，每次都指名買郭元益，對父親及阿嬤而言，小小白白的綠豆椪正代表一年一度的中秋明月，只有吃了它，才等於過了這個節。

內包香濃綠豆沙的「綠豆椪」，可說是台式月餅的代表。所謂「台式月餅」，指的是油酥餅皮的做法。利用一層油酥、一層油皮遇熱膨脹的原理，烤過以後餅皮會撐開呈現雪花片片的層次，有人稱為「翻毛」，意思是像羽毛一樣，風一吹拂便翻飛起來，用來形容餅皮多層次的飄逸感，這種做法和口感與廣式月餅鬆軟的餅皮大異其趣。

綠豆椪和鳳梨酥一樣，相當受到民眾的喜愛，目前幾乎是每家餅店都有的產品，但想一探綠豆椪的奧祕，就非得到發源地台中豐原不可。

雪花單面煎　淨白多層次

素有「糕餅故鄉」之稱的豐原，在短短數百公尺的中正路上，幾十家糕餅店比鄰而設，除了全台連鎖性餅店外，還有更多在地生根的店家，如老雪花齋、雪花齋、義華、薔薇派、寶泉、聯翔等，這些店家至少都有二十年以上的歷史。老雪花齋是其中執牛耳者，據第二代老闆呂松吉表示，綠豆椪是他父親呂水研發單面煎的試驗品，由於外形圓潤雪白像乒乓球一樣，而得此名；「ㄆㄥˋ」以台語發音，是指烘烤後餅皮中央凸起的樣貌。

舊振南的綠豆椪為鎮店招牌，內餡依照消費者不同需求而研發出純素、滷肉、香菇、蛋黃四種口味。

1. 老雪花齋的「雪花餅」餅如其名，外形圓潤雪白，且有片片薄透如雪花的層層餅皮。
2. 犁記餅店的台式月餅，以傳統雙面煎的烘烤方式，讓餅皮呈現金黃的色澤，吃得到濃厚的豬肉香味。
3. 犁記的台式月餅，在一一印上店章後，就要進烤箱烘焙了。

「以前餅的烘烤都使用木炭，火力不均勻、火候不好控制，為讓餅能平均受熱、煎熟，必須不斷的翻面以防止焦黑，久而久之、一代傳一代煎餅時就使用雙面煎。有一次餅店生意太好，有幾個餅忘了翻面烤，結果出爐的餅皮雪白、中央微微凸起。我父親呂水認為，餅能煎熟就好，既然單面煎的餅較為漂亮，為何一定要用雙面煎？於是他著手一試。剛開始為了怕實驗失敗造成浪費，先去除原本包有肉角的內餡，只純用綠豆沙，並將尺寸縮小，以油酥皮包裹後送進爐內採單面烘烤，結果烤出的成品猶如一顆乒乓球、小小白白的，相當可愛。由於是試驗品，就隨意放於店內，想不到卻引來顧客的注意，紛紛詢問產品名稱，於是就依照外形特徵隨口說出綠豆ㄆㄥˋ三個字。」

這便是綠豆椪的由來；也是雪花齋最負盛名的產品——「雪花餅」的別名。

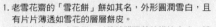

餅中現詩意 文人雅士讚歎

「雪花餅」餅如其名，不僅外形淨白圓潤，還有薄透如片片雪花的層層餅皮，包著綠豆沙、芝麻、豬肉、紅蔥頭等製成的內餡。不過，通常我們買到的雪花餅，都已經過

文人仕紳牽成的糕餅之鄉

豐原地區糕餅業為何會如此興盛？除了擁有製餅所需的一流技術、乾淨的水質與上好的原料之外，最重要的是這裡得到有錢有閒、懂得吃也買得起的名門望族的支持。由於文人仕紳之間交際往來常以糕餅相贈、在茶餘飯後也少不了食用糕餅茶點來助興，於是在這些人的推波助瀾下，間接地促成了糕餅店的成立。

犁記、雪花齋這兩家歷史悠久的餅店，便在這種背景之下於清末時創立。「犁記」創始人張林犁，原在神岡大夫第的林宅當總鋪師，受到貢生林振芳的鼓勵才開始製作糕餅販賣。而「雪花齋」創始人呂水，也是受到地方仕紳陳德全的青睞，受聘為家中大廚，並在其協助下成立餅鋪。

老雪花齋三十年前所做的裝潢設計走內斂簡樸的風格。

包裝擠壓，所以切開後，並看不太出來成形時餅皮細緻的層次。其實，依照一層油皮一層油酥的製作原理，擀平後拉直、捲起經烘烤，約可形成七至八層的餅皮，唯有知道這個特色，才不難想像當初多位前清秀才看到這個餅後，一時吟詠出「花香天下中秋桂，雪映莊前臘月梅」的詩句，而成「雪花齋」這個詩意般的店名。

不過，真正讓雪花餅揚名海外的關鍵，是在日治大正十四年（一九二五）於台中舉辦的「台灣區糕餅展」中榮獲銅牌大獎，這個榮譽也因此奠定了雪花齋在台灣糕餅業界舉足輕重的地位。

犁記雙面煎　酥脆味香濃

另一家同樣位於台中地區的傳統老店——犁記餅店，雖然店面不開在豐原，而在神岡，卻經常被消費者拿來與雪花齋相提並論。

這兩家老字號皆以製作漢餅為主，所出品的月餅各有特色、也各自有擁護者。其最大差別在於烘烤方式的不同，犁記月餅採「雙面煎」，使餅皮兩面都帶有酥脆的口感；而雪花齋則以單面式烘烤，製作出雪白凸起、層次豐富的餅皮。至於內餡雖然同樣以滷肉、綠豆沙、紅蔥頭、豬油為料，但犁記將豬肉與蔥先炸過，因此味道香、肉塊酥；而老雪花齋則早將內餡原有的小塊肥肉改為肉醬，以迎合現代消費者淡食的健康需求。兩者做法雖不相同，但都吃不出肥肉的油膩感。

綠豆椪原來指的是包有綠豆沙內餡的餅食，但現今已變化出多種不同口味，有包入蛋黃、香菇及滷肉等，更有業者將純素綠豆椪以古詩人「李白」為名，以形容內餡的潔白。

根據我的比較：一個是豬肉味香、一個是油蔥味濃；一個是餅皮金黃酥脆、一個是餅皮層次豐富，兩者的風味截然不同，究竟何者較合乎自己的口味？消費者只有親自嘗試才知道了。

犁記第四代張煥昇強調，他們自家產品名稱叫做「月餅」，是傳統的台式月餅口味，而不是「綠豆椪」；所謂綠豆椪是指裡面只有綠豆沙、沒有包肉。而且就外形上來看，由於餅先壓扁再經過兩面烘烤而呈現焦黃的扁平狀，確實與雪白圓凸的綠豆椪明顯有別，但消費者通常都分不清，對於以綠豆沙為主的產品，大多直稱它為「綠豆椪」。

當綠豆椪遇上李白與蘇東坡

就「綠豆椪」的演變來看，早期經濟作物貧乏，製餅原料取得有限，因此包的是純綠豆沙的內餡，後來隨著社會經濟的好轉，才加入滷肉、紅蔥頭，成了台式口味的「滷肉豆沙」；再加上咖哩，就是風味獨具的「咖哩酥」。

就我所見，咖哩酥多於北部出現；許多人慕名基隆李鵠的鳳梨酥，我卻獨鍾它的咖哩酥，雖說咖哩味略搶過了綠豆沙的香氣，但有一股獨特的異國滋味，開脾且不甜膩。

高雄舊振南餅店的綠豆椪，則在傳統中創發出新意。老闆李雄慶認為台灣夏天長，綠豆椪吃起來口感清爽不油膩，與茶一起食用相當搭配，因此特選上等綠豆仁為原料，由製餅老師傅依循祖訓，經過多道繁複的蒸、炊、煮、拌入油品的手續，因應消費者不同需求，研發出純素、滷肉、香菇、蛋黃四種口味。

有意思的是，他將純素綠豆椪稱為「李白」；加了滷肉的稱為「蘇東坡」；另外再針對喜歡內含多種素材的素食者推出香菇口味，強調是低鹽、低脂、低糖、低熱量、低膽固醇的產品。雖然其中的綠豆餡都是一樣的，區別只在於油品不同而已，卻能一舉擄獲葷、素飲食的人口；更因為別具巧思的命名，加深了消費者對於產品的印象。

想不到一個簡單的綠豆椪也能有這麼多變化吧！它不僅是台灣人心目中的月餅首選，也是我愛吃的餅食之一，我喜歡它多層次的油酥皮，尤其是加了滷肉的綠豆椪，油脂加熱會滲透到綠豆沙餡內，吃起來口感細緻不哽喉，也更能烘托出綠豆沙的清香！

「咖哩酥」即是加了咖哩的綠豆椪，別有一股獨特的異國滋味。圖為李鵠餅店的咖哩酥。

哪裡買

李鵠餅店

地址：基隆市仁三路90號
電話：（02）2422-3007
價格：綠豆椪24元／個
　　　咖哩酥30元／個

第一代以綠豆椪打下基礎；第二代則嘗試將豬絞肉以及咖哩粉加進豆沙餡中，成了風味獨特的咖哩酥。第三代改良舊式鳳梨酥外皮脆硬且易黏牙的缺點，成為大受歡迎的新產品。

老雪花齋餅行

地址：台中市豐原區中正路212巷1號
電話：（04）2522-2713
價格：60元／個

「雪花齋」為呂水於1900年創立，以雪花餅、冰沙餅及紅燒餅聞名。1959年，雪花齋一分為二，由長子、次子繼承中正路老店；呂水則協同幼子呂松吉於中正路212巷另起爐灶；為使兩家店名有所區別，便在新設的店面加個「老」字，儼然有對外宣示老創始人在此的意味，形成「雪花齋」與「老雪花齋」並立的情形。雖說系出同門，但兩家店的做法、口味不盡相同，也各有愛好者。老雪花齋在呂松吉的經營下，朝著「專業漢餅」的形象邁進，現已由第三代接手，並於2007年正式成立台中崇德分店，以服務廣大的消費者，展現了百年老店再出發的魄力與氣度。

犁記餅店

地址：台中市神岡區社口里中山路520號
電話：（04）2562-7135
價格：60元／個

創設於1894年，以獨創雙面煎的「酥皮台式月餅」風靡全台，與豐原「雪花齋」並列為台灣中部兩大知名的百年糕餅老店。目前犁記仍然堅持父傳子、不找合夥人、不公開秘方，因此想吃犁記月餅的民眾，還得認明全台僅此社口一家，絕無分店。

舊振南餅店

地址：高雄市中正四路84號
電話：（07）288-8202
價格：60元／個

產品分為手工伴手禮以及喜餅兩大部分，其中手工伴手禮包括綠豆椪、鳳梨酥、打狗酥等商品，深受國內外歡迎。積極於各大百貨公司、高鐵站設櫃，成功打出品牌形象。

冰沙餅

層層有如薄紗般的酥脆餅皮，包裹住細緻綿密的白豆沙餡，一口咬下，舌間溢出馨香柔甜的清涼氣息；不論稱「冰沙」或「平西」，都是讓人津津樂道的樸實美味。

冰沙餅據說是雪花齋餅店創始人呂水所發明。

相較於香噴噴、淡黃色餡的綠豆椪，台式月餅還有一種以白色豆沙餡做成的「豆沙餅」，其香氣和風味雖不若綠豆來得濃厚豐郁，但內餡極為綿細清甜。一般稱之為「白豆沙餅」或「冰沙餅」。

作工超繁複　日人驚豔

為何取名「冰沙」？

「這完全是因為它具有冰冰涼涼的口感而來，而冰涼的口感完全取決於製作的過程」，老雪花齋的呂松吉老闆先解開了我對名稱的困惑，接著詳細解釋冰沙餅內餡的做法。他說明先將花豆以熱水燙過，殼就會與豆子分開而能用水脫洗掉，再把豆仁煮到熟爛，以紗網過濾後倒入木桶中，用大量的水反覆沖洗七到十次，然後瀝乾拌入糖，一斤花豆大約要用上半斤糖，放冷之後豆餡即大功告成。為讓花豆可迅速膨脹脫殼，製作時還需加入小蘇打粉；而用大量水反覆沖洗的過程，稱為「水飛」，此道工序雖費力，卻也是讓豆沙口感更細緻、且有冰涼感的關鍵。

如此繁複的作工，也難怪在日治時代讓日本人大為驚豔，與雪花餅一同在大正十四年（一九二五）榮獲「台灣區糕餅展」銅牌獎。「所以冰沙餅的開基祖，就是我父親呂水。」呂松吉強調：「而且冰沙餅一定要使用台灣的正花豆，雖然身形比較嬌小，但裡面的纖維質特別細，製作出來的花豆沙，色澤帶點紫黑，而不是雪白的。」聽了這席話，我才恍

花蓮豐興餅舖的小月餅，是以白鳳豆為餡，小小一顆只有約4.5公分大。

然大悟，原來坊間有些商家為了讓餅的賣相較佳，會將豆沙餡加以漂白。

白豆沙除了以花豆來製作，這幾年由於白鳳豆具有治癌功效成為話題，部分業者也開始使用白鳳豆，雖說口感沒有花豆來得好，但不是內行人還真吃不大出來。純以個人偏好來說，我覺得白豆沙餅的口感還是略乾了些，搭配清茶一起享用，入口才會柔潤順滑，也更能烘托出豆餡的香甜滋味。

「牽拖」薛平貴 歷史悠久

由於綠豆的成本較高，早期的餅多以白豆沙為餡，像李鵠餅店的綠豆椪，前身也是使用

1. 老雪花齋的冰沙餅是以台灣純正的花豆為餡，呈現出淡淡的紫色。
2. 板橋長興餅店的白豆沙餅。
3. 4. 台北李亭香餅店於豆餡中加入了起司，讓老餅食有了不一樣的新風味。

郭元益餅店

地址：台北市文林路546號
電話：（02）2831-3422
價格：30元／個
創設於清同治6年（1867），以祖籍「元益」堂號為店名，早期以綠豆糕、冰沙餡餅為其招牌產品，現已轉型為一大型連鎖喜餅公司。

長興餅店

地址：新北市板橋區南門街58號
電話：（02）2968-5741
價格：25元／個
是一家板橋百年名店，以白豆沙餅最為著名，好吃的祕訣主要在於飽滿綿細的白豆沙內餡，又冰又綿，入口即化，每每越接近中秋時節，就越見排隊人潮。

李亭香餅店

地址：台北市迪化街一段309號
電話：（02）2557-8716
價格：奶酪平西餅52元／個
創立於清光緒21年（1895），今傳至第四代，依然堅持純手工並依循古法製餅。原址位於蘆洲的湧蓮寺旁，光復後才遷移至迪化街，店內的咖哩肉餅、平西餅、綠豆椪都極受歡迎。

老雪花齋餅行

地址：台中市豐原區中正路212巷1號
電話：（04）2522-2713
價格：360元／盒（12入）
所出品的冰沙餅及紅燒餅都是以花豆沙為餡，吃得到嚴守傳統製作的古早原味。

老雪花齋老闆呂松吉

寶泉食品

地址：台中市豐原區中正路154號
電話：（04）2522-3077
價格：小月餅45元／個
昭和18年（1943）首先於日本東京成立「寶泉製菓本舖」，民國64年（1975）才回到故鄉豐原開業，是一家極具日式風格的餅店，強調與日本技術做交流，推出一系列精緻的日式和菓子及小月餅，不斷以創新產品和精緻包裝獲得消費大眾的口碑。

豐興餅鋪

地址：花蓮縣花蓮市中華路296-2號
電話：（03）832-3436
價格：小月餅340元／盒（12入）
創立於日治昭和13年（1938）的豐興餅鋪，是花蓮一家創意十足的糕餅店，從第一代的白鳳豆小月餅，到結合小米與麻糬做法的粟糬，以及近年的雷古多唱片餅，均深獲市場好評。

白豆沙；後來經濟環境改善、對飲食的口味要求提高，才慢慢改成香氣濃郁的綠豆沙餡。而台北郭元益的冰沙餡餅，則是綠豆沙與白豆沙摻半。不過，還是有人偏好清淡的白豆沙，如台中寶泉及花蓮豐興餅鋪的小月餅，都是以純白鳳豆為餡；板橋的長興餅店每年一到中秋前夕，就出現大排長龍購買白豆沙餅的民眾；至於台北迪化街的李亭香餅店，將之取名為「平西餅」，據說與戲曲故事裡薛平貴帶兵西征，軍隊摘取路邊的白鳳豆磨泥做成餡餅的傳說有關。是否真是如此，並無史料證明，不過可知白豆沙餅的製作由來已久。

為了讓年輕人對傳統餅食能有不同於以往的味覺體驗，李亭香一方面遵循古法製作原味的平西餅，一方面在同樣多層油酥餅皮包裹下，於豆餡內摻入了起司，一變而成時下流行的奶酪平西餅，這種中西合璧的創新嘗試，也讓老餅食有了不一樣的新風味。

蛋黃酥

金黃誘人的餅皮，與內餡渾圓飽滿的月亮意象相輔相成；香甜不膩的豆沙，包藏著出油不腥的鹹蛋黃，甜鹹同時入口，味蕾絕妙平衡。

烏豆沙蛋黃最符合中秋月夜的氣氛。

相對於父親、阿嬤視綠豆椪為心中的月亮，我則特別偏愛夾有蛋黃的蛋黃酥；對我來說，不論是綠豆沙或是烏豆沙，中間黃澄澄的蛋黃就是皎潔明月的代表，吃在嘴裡的滿足感，正如蘇東坡的詩句所讚譽的：「小餅如嚼月，中有酥與飴。」

鹹甜相和　圓月圓滿

蛋黃酥的做法與綠豆椪相去不遠，除了內餡多了蛋黃之外，主要差別是在油酥餅皮上刷了一層蛋汁，因此烤起來表皮閃耀著誘人的金黃，與內餡的月亮意象相輔相成；而油油鹹鹹的鴨蛋黃也滋潤了豆沙的口感，平衡了豆沙的甜味，感覺似乎比純豆沙餡更香滑有味。有些店家強調使用的是內含豐富蝦紅素的紅仁鴨蛋，餅切開後那橘紅的色澤鮮豔欲滴，讓人不禁又多愛幾分。

蛋黃酥口味有烏豆沙、綠豆沙、白豆沙、蓮蓉、棗泥等多種，當中我覺得以烏豆沙蛋黃最符合中秋月夜的氣氛；烏豆沙就像是漆黑的夜空，蛋黃猶如一輪明月，兩者相結合成最圓滿動人的月餅意境。

現代人對蛋黃酥總是又愛又怕，原本詩情畫意的蛋黃彷彿變成健康的殺手，好像多吃一口，血液中的膽固醇指數就會一路飆高似的。套一句老雪花齋老闆呂松吉的格言：「不運動什麼都別說，別矯枉過正了。」不想放棄偶爾寵愛一下自己味蕾的權利，就多運動吧！

哪裡買

二和珍餅店
地址：台北市康定路308號
電話：（02）2306-1234
價格：棗泥蛋黃45元／個
位於台北萬華地區的二和珍，外表看起來像間普通麵包店，但卻是懂門道的老饕才會探訪的餅店。店裡的蛋黃酥口味相當多種，有烏豆沙、綠豆沙、白豆沙、蓮蓉、棗泥等，每一顆切開，都可見飽滿的渾圓蛋黃。

永和王師父
地址：新北市永和區中山路一段283號
電話：（02）2920-5376
價格：75元／個
招牌商品「金月娘」改良自傳統蛋黃酥，外皮薄且細膩，調過味的蛋黃餡加上綠豆沙，入口細緻。

舊振南餅店
地址：高雄市中正四路84號
電話：（07）288-8202
價格：60元／個
受歡迎的原因無他，因為舊振南的烏豆沙蛋黃酥，目前每年只在過年及中秋節現身。

王師父的「金月娘」做法與一般蛋黃酥不同，蛋黃先捏碎調味處理，而非完整的一顆蛋黃。

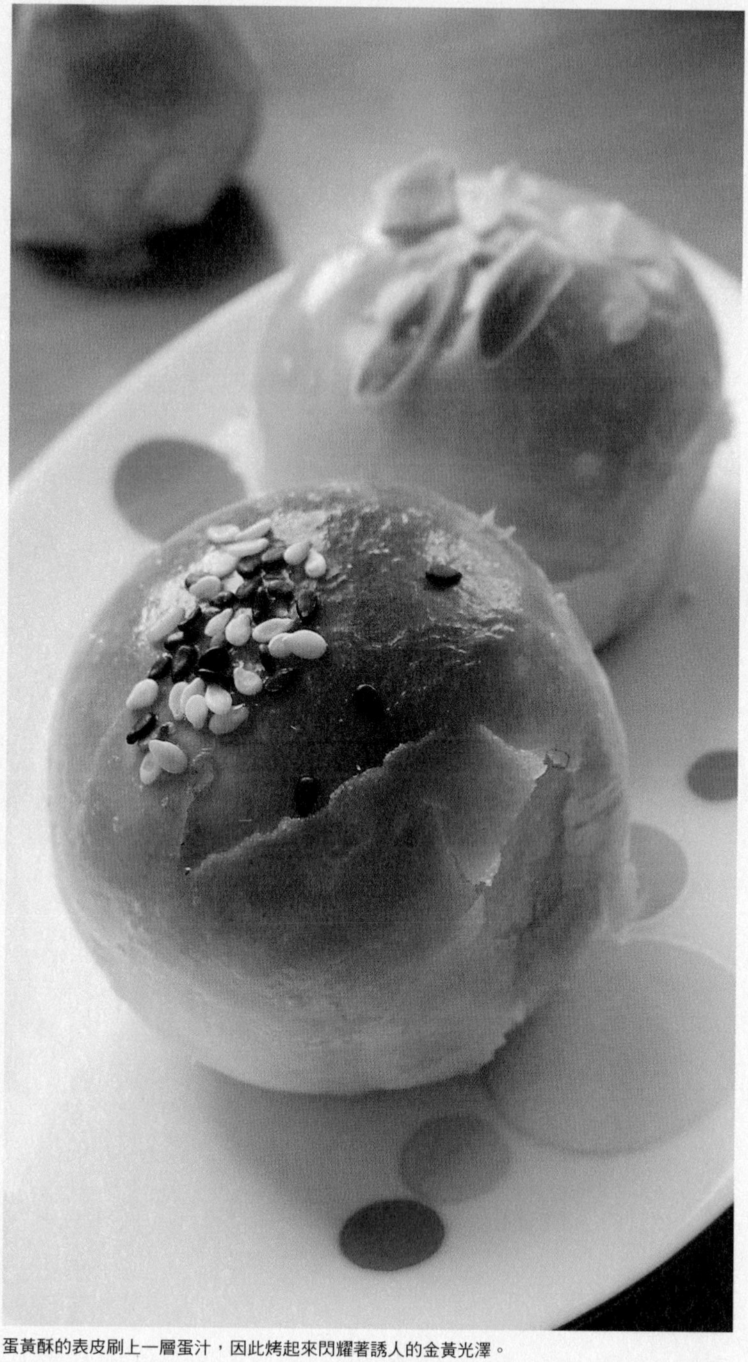

蛋黃酥的表皮刷上一層蛋汁，因此烤起來閃耀著誘人的金黃光澤。

酥餅

孩提時代，在還不知有「台中太陽餅」、「大甲奶油酥餅」這些赫赫有名酥餅的年歲裡，我最早的記憶，就是把白胖圓凸的「膨餅」浸在熱熱麵茶中的溫暖滋味……

太陽餅的前身就是「麥芽餅」。

提到酥餅，大家不免聯想到大甲的「奶油酥餅」。其實，膨餅、麥芽餅、太陽餅、風吹餅等通通都屬於酥餅；加了奶油，就成為奶油酥餅。最早酥餅的雛形，應該是膨餅（台語發音），以它圓圓凸凸的外形而得名，這原是中國北方的傳統麵餅，因為耐久放與容易攜帶，先民來台拓荒時就帶了過來。由於單吃口感稍硬，漸漸演變成把餅泡在熱湯裡的吃法，因此也叫做「泡餅」。

記得小時候，街上會有小販推著麵茶車叫賣，每次只要聽到茶壺煮沸的汽笛聲，便知道距離不遠了，然後就會懇求母親買碗膨餅來吃……。如今，那已是遙遠的兒時回憶了，偶爾想重溫一下膨餅的香濃滋味，還得特地去找才吃得到。

阿明師創麥芽餅 「太陽」露曙光

第二代的酥餅，是麥芽餅，也就是太陽餅的前身。

根據《中縣口述歷史》所記述，太陽餅的發明人是魏清海先生，人稱「阿明師」，世居台中神岡社口，自十三歲起即在「崑派餅店」學習製餅。早期的膨餅不一定有甜味，為了讓餅的風味更好，於是加入麥芽、豬油做餡，外層再包以油酥皮烘烤而成，正式取名為「麥芽餅」，成為社口地區知名的傳統點心。

一九四五年阿明師離開崑派餅店之後，曾接受台中元明商店的邀請，

古早味的膨餅雖然口感不若太陽餅細緻，但泡入牛奶一起吃剛好不會太軟。

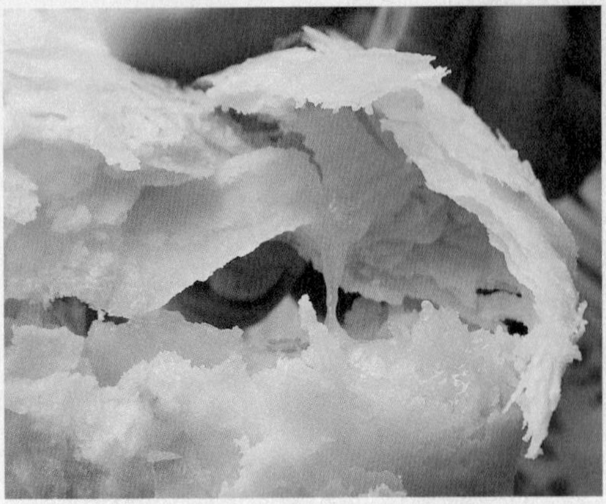

一口咬下太陽堂的太陽餅，內餡的麥芽糖不僅在齒間中滑動汩出，更會牽絲（台語），讓我驚為天人。

好的太陽餅必須同時具備「皮薄、酥香　、餡巧」三大優點。

共同開設餅店。不過，奠定他為太陽餅祖師爺的地位，是在一九五三年應林紹崧先生之邀共創太陽堂餅店；這時期，傳統膨餅在阿明師的精心改良下，更加香酥可口、甜而不膩，因此一炮而紅成為受歡迎的休閒食品。由於餅的形體渾圓、中間蓋有店家的紅色印記，像極了太陽，再加上店名為「太陽堂」，因此更名為「太陽餅」，從此以如日中天之勢，成為最具代表性的台中名產。

從台中交流道下，中港路（今併入台灣大道）沿線直到台中火車站，太陽餅的「戰火」也一路延燒；在這個集結無數店家的超級戰區內，只要與「阿明師」沾上邊，就成為各家宣傳的利器，大打老店招牌。其實內行人都知道，店內有一幅向日葵馬賽克壁畫的才是本尊；雖然「太陽堂」不是「太陽餅」的發明者，但它確實賦予了這種餅新的生命。

皮薄酥香餡巧　一擀成形

根據《中縣口述歷史》魏清海的說法，好的太陽餅應該同時具有「皮薄、酥香、餡巧」三大特點。要做出上選的太陽餅，首重材料，精選的麵粉與酥油徹底攪和，才能獲得良好的油酥餅皮；此外，也要有優異的巧手功夫，才能「一擀成形」，讓餡料分布均勻。儘管工序看來十分簡單，但手工做出來的口感絕非機器所能比擬，這也是太陽堂能一枝獨秀的主要原因。

將酥餅泡在牛奶裡是
另一種懷舊的吃法。

所以，即使自由路上有七至八家販賣太陽餅的店面，往昔仍以二十三號的「太陽堂」生意最好，顧客都是直接鎖定目標，一大袋一大袋提著走，讓人見識到它的魅力，也難怪對於一大堆號稱太陽餅老店、甚或宣稱太陽堂寄售的商家，太陽堂都不以為意；因為熟識的人都知道，「太陽堂」只有一家。很可惜，「太陽堂」卻於二〇一二年五月畫下句點歇業。

大甲奶油酥餅　素食者嘛「呷意」

相對於「太陽餅」為台中的名產，大甲則可稱之為「奶油酥餅」的故鄉；奶油酥餅與大甲媽（鎮瀾宮媽祖）、帽蓆合稱為「大甲三寶」。

質地輕、薄的酥餅，原本就是大甲傳統的喜餅之一；但能一躍成為地方名產，乃要拜媽祖之賜。每年農曆三月的媽祖誕辰，總是湧入不遠千里而來的虔誠信徒，將大甲的巷道擠得水洩不通，酥餅自然成了祭拜媽

台中餅藝的發源地——社口林宅「大夫第」

位於台中市神岡區社口里的「大夫第」，是台中仕紳林振芳（1832-1905年）的故居，現被評定為三級古蹟。林振芳一生傳奇，雖不甚讀書，卻識大體，常替鄉民排解紛爭，熱心公益不遺餘力，深受地方人士敬重，視之為「家長伯」。由於林家人丁眾多，加上他交遊廣闊，經常宴請地方仕紳與官員，因此相當講究飲食，均聘請名廚料理，使得「大夫第」的糕餅因仕紳間的傳頌而聞名於鄉里，不僅影響後代子孫及總鋪師自行開店（前者如阿明師學藝的「崑派餅店」，後者如張林犁創立的「犁記」），對於日後中部地區漢餅的發展也功不可沒。

台中社口林振芳的古宅。

裕珍馨的奶油酥餅分有大小兩種尺寸，直徑分別約為14公分以及10公分。

祖的最佳供品。不過，不少香客因進香期間吃素，無法接受用豬油做的酥餅，於是香客的一句「怎麼沒有讓素食者也能吃的酥餅？」讓裕珍馨餅店第二代老闆陳基振興起改造酥餅的念頭。

裕珍馨第三代老闆陳裕賢表示，父親研發素食酥餅的過程，也是經過了一番波折，原本考慮以沙拉油、花生油來製作，但試做出來的結果皆不甚滿意，最後才決定以奶油來取代豬油。「那時，乳瑪琳一桶才幾百塊，但是天然奶油卻要價幾千塊，我父親堅持品質，原料一定要用最好的。」由於裕珍馨用料實在價格卻相對便宜，在一九八八年大甲鎮瀾宮重建落成並舉行慶成祈安清醮大典的活動中，獲得了空前的迴響，幾乎人手一盒，也讓中西合璧的奶油酥餅聲名遠播。

陳裕賢表示，「原料好」是奶油酥餅好吃的主要關鍵，再來就是要慢工出細活，例如麥芽糖要熬製六小時，成品需烘烤兩個半小時，才能皮酥、餡Q，咀嚼起來滿嘴的香甜。目前除了原味奶油酥餅外，還多了烏梅口味的活力纖酥餅及加入芝麻、胚芽等食材的養生酥餅，口味更多樣化；並新推出尺寸縮小為直徑十公分的奶油小酥餅，「焦糖瑪奇朵」、「北海道鮮奶」、「焦糖牛奶」與「沖繩黑糖」四種新口味上市，更受到年輕女孩的青睞。

今日的奶油酥餅，能與大甲鎮瀾宮齊名，是因為其既維持傳統，也努力創新，並不忘本的與地方文化結合，才能代代相傳，永遠留香……

大甲鎮瀾宮

鎮瀾宮不僅是大甲居民的信仰中心，也是全台灣媽祖信仰的重要廟宇，目前所見的建築雖然是1980年拆除舊廟於原址重建的，但匯集了多位國家薪傳獎大師的作品，值得細心瀏覽。每年三月前往新港奉天宮進香的「大甲媽祖遶境」，是鎮瀾宮一年一度的盛事，長達九天八夜、330公里，徒步橫跨台中、彰化、雲林和嘉義中部沿海四縣市，其間經過21個鄉鎮、80餘座廟宇，吸引了數萬人次隨之長途跋涉，其進香團規模之大，可說居台灣宗教活動之冠。

鎮瀾宮的媽祖遶境是台灣宗教活動一大盛事。

哪裡買

崑派餅店
地址：台中市神岡區社口里中山路546號
電話：（04）2562-5575
價格：麥芽餅360元／盒（20入）
為社口林宅子孫於清光緒年間所創設的餅店，由於林振芳父輩以崑字排行，地方上稱林家為「三崑世家」，遂以家族中的「崑」字為商號；除了漢點的製售外，也販售一些雜貨。

犁記餅店
地址：台中市神岡區社口里中山路520號
電話：（04）2562-7135
價格：麥芽餅320元／盒（20入）
清光緒20年（1894），原為林家「總鋪師」的張林犁自立門戶，創設「犁記」，以製作台式月餅、麥芽餅、犁蒜餅等漢餅聞名。

新太陽堂餅店
地址：台中市自由路二段51號
電話：（04）2221-5978
價格：太陽餅300元／盒（12入）
2012年5月13日，「太陽堂餅店」吹起了熄燈號，讓很多人感到惋惜。為延續消費者對台中太陽餅的記憶，2012年8月老師傅們攜手共創「新太陽堂餅店」；老店新開，太陽再度升起，期許能保留住原汁原味的風貌。

裕珍馨餅店（旗艦店）
地址：台中市大甲區光明路67號
電話：（04）2687-2559
價格：奶油酥餅130元／盒（4入）
奶油小酥餅160元／盒（6入）
2002年4月開幕，以巴洛克式的古典風格建築矗立在三角窗口，被譽為二十年來大甲最用心的建築，結合了宗教、文化與美食。一樓作為「假日美食文化走廊」，販售各式商品；二樓成立「大甲三寶文化館」，展示大甲的地方特色；三樓為「酥餅DIY中心」。

玉珍齋
地址：彰化縣鹿港鎮民族路168號
電話：（04）777-3672
價格：風吹餅120元／袋（2入）
店內販售的酥餅是傳統的麥芽餅，除此之外，還有像一把大扇子、直徑約30公分的「風吹餅」，因圓薄的餅皮猶如風吹即破的模樣而得名。過往，這是勞力階層常吃的餅，鹿港曾流行於一時，現在又重新推出上市。

肉餅

從北到南，不論是冬瓜肉餅、竹塹餅、蜂巢餅或蝦米肉餅，雖然口味與形式各有不同，呈現了地方文化的差異，但對於在農業時代長大的長輩而言，吃肉餅都是一項美好而幸福的回憶。

大小竹塹餅直徑相差2公分。

有一回，從新竹帶回名產「竹塹餅」，全家就數高齡八十多歲的阿嬤最為捧場，雖然她有糖尿病且滿口假牙，但一點都不忌口，吃得好不開心！

我記起淡水三協成餅鋪老闆李志仁說過的話：「新竹的竹塹肉餅，還維持一百多年前的古味。」我想，阿嬤嘴裡咀嚼的除了濃郁的豬肉味道外，還有一絲絲過往的回憶。新竹人有句順口溜：「有強健的腿，才能去攀登倒吊嶺；有真大的福氣，才能吃到竹塹餅。」正印驗了在農業時代的台灣，能吃到豬肉餡的餅是多麼幸福的一件事！

竹塹餅的肥豬肉美學

這種感受是身處現代的我們所無法理解的，不少人甚至還視肥豬肉是一種罪惡。所以，為了迎合年輕的消費者，原本肉塊切得很大、烤好後會凸出餅外的竹塹餅，現在也改良成聞得到豬肉香、卻看不到豬肉塊的做法，這一點新復珍老闆吳紘一解釋說：「這麼一來，雖然吃起來較不會有肥膩感，但也有很多老人家向我抗議，認為我們偷工減料……」

「相信第一次吃竹塹餅的人，都會被特殊的餅香所吸引，那酥鬆的餅皮、豐富的內餡，不僅甜度適中、且越嚼越香，與清茶一起搭配，更能烘托出肉餅獨特的香味！」吳紘一老闆指出，竹塹餅的餡料有豬肉、冬瓜糖、紅蔥頭、白芝麻等，最初之所以能創造出這款蔥香、料香、豬油

新竹竹塹餅至今還維持百多年前的肉餅口味，讓老一輩人深深懷念。

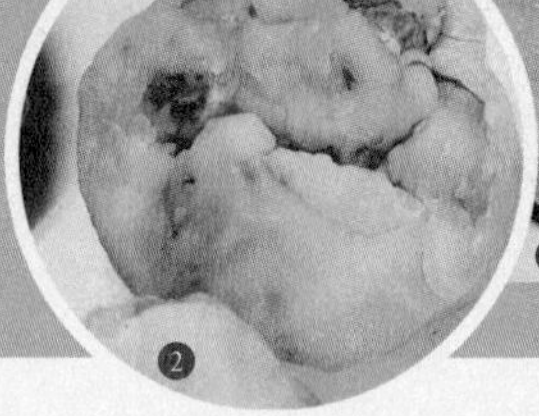

1. 新竹北埔隆源餅行的員工正在製作竹塹餅。
2. 刻意將部分餡料露在餅皮外，是竹塹餅做法的一大特色。
3. 將包好餡的竹塹餅放在特製的木模中壓平，即可成形。
4. 壓在木模圓形孔洞中的餅餡。
5. 一個個油蔥香濃的竹塹餅塑好外形後，再滾上白芝麻就大功告成了。

香俱全的肉餅，全來自於他的曾祖母吳張換女士，把肉粽內的餡料運用到糕餅中的創意。以往竹塹餅有很多稱謂，外地人稱「新竹肉餅」、新竹人自稱「糕皮餅」、客家人則稱之為「豬油餅」，一直到一九九五年由吳紘一接下新復珍第四代掌門後，才正式以「竹塹餅」之名推上新竹名產的舞台，與摃丸、米粉並列三大特產。

以豬肉、冬瓜糖作為內餡的肉餅，並非新竹所獨有，台灣各地皆可見；只不過一般的肉餅都將餡料完全包裹在餅皮內，而竹塹餅卻是刻意將部分餡料露在外面，使得烘烤後餡料凸出，形成「表面凹凸不平」的餅皮外觀，成了竹塹餅的一大特色。

三協成冬瓜肉餅　中西合璧

成立於一九三五年的淡水三協成餅鋪，其最知名的古早味就是冬瓜肉餅，內包冬瓜條、肥豬肉塊、白芝麻、麥芽與油蔥酥等材料。據老闆李志仁說，他們家的冬瓜肉餅，是改良自泉州的水晶餅；因此水晶餅可說是冬瓜肉餅的前身。

冬瓜肉餅顧名思義即是包有冬瓜條、肥豬肉塊及油蔥等材料。

淡水三協成的冬瓜肉餅擁有不一樣的酥脆餅皮，這是第一代李水清習自西方水果派皮的做法改良而成。

由於古早淡水有句名諺「娶某不娶八里坌」，意思是習俗上八里人嫁女兒，喜餅是要送全村的，因此淡水少年相互告誡，可別不自量力想娶八里的小姐。從這句俗諺，讓李志仁的父親李水清看到了喜餅的廣大商機。為了拓展喜餅市場，李水清認識了當時任職於英國領事館的廚師——涂彩和先生，向其習得西方水果派皮的酥脆做法，以改良傳統水晶餅外皮薄軟的缺點；而為了讓原本白色的水晶餅皮擁有金黃的色澤、並改進內餡香味，遂突破性地於麵粉中加入奶粉。

當時台灣很少以奶粉、煉乳作為內餡材料，「能夠有幸進口英國老牌子香料廠Bush Boake Allen的兩種香料Butter Flavour及Milk Flavour，是因我的姊夫林銅洲當時任職英國領事的秘書的關係。」李志仁老闆指出三協成首開外國香料的引進，可說是淡水開港後所帶來的時代衝擊與影響。在經過一連串的實驗、改革之後，傳統的水晶餅才成為兼具中西特色的「冬瓜肉餅」，歷經半個世紀有餘而口碑不墜。

鳳山吳記餅店的蝦米肉餅，是加有蝦米風味的肉餅。

雲林高隆珍餅鋪的「蜂巢餅」，因餅皮上有數個小孔洞而得名。

蜂巢餅、蝦米肉餅 氣味相近

除了冬瓜肉餅之外，在台灣中部彰化、雲林一帶，還流行一種名為「蜂巢餅」的肉餅，據說是源於其餅皮上有數個小洞、形如蜂窩而得名。至於餅上的小洞是為了做記號還是讓餅快速烤熟？雲林土庫高隆珍餅鋪的第六代高宗慶表示，這都不可考了，打從以前做法就是如此而一直延續至今，內餡為五花豬肉、蝦米、油蔥酥等材料，表皮塗上一層蛋汁後再灑上芝麻烘烤而成。而彰化北斗洪瑞珍餅店的蜂巢餅，則是再加入切丁的冬菜（為傳統醃菜之一，以大白菜、鹽水、蒜為主要材料），讓餅具有鹹鹹甜甜的口感。整體而言，做法、外形與竹塹餅十分相似，不過味道更接近南部「蝦米肉餅」的氣味。

「蝦米肉餅」，顧名思義即是加有蝦米風味的肉餅，內有白芝麻、冬瓜、滷肉、核桃、蝦米等，這種口味在北部較為少見，多流行於台南、高雄一帶。台南知名的喜餅專賣店——舊永瑞珍，店內的「古肉餅」就是蝦米肉餅，第三代張瑞麟解釋，這名稱是他母親所改的，也許是為表明這是很古早的口味吧！

回味吃得到肉的幸福

在高雄的舊振南與鳳山的吳記餅店中，蝦米肉餅也是相當受歡迎的傳統漢式喜餅口味。「近年來因櫻花蝦的流行，為了讓產品附加價值提高才開始加入。雖然比起蝦米，櫻花蝦炒過之後較無腥味，但具有特殊香氣，因此比例的拿捏很重要。」吳記老闆吳坤豐指出，店內人氣最高的是綠豆椪、鴛鴦餅及蝦米肉餅這三種早期研發出來的產品，顯見蝦米肉餅在南部人心中的地位。

不論是冬瓜肉餅、竹塹餅、蜂巢餅或是蝦米肉餅，雖然口味與形式各地不同，呈現了地方文化的差異，但對於在農業時代長大的長輩而言，吃肉餅都是一項美好而幸福的回憶，也由此見證了台灣的富足與進步。

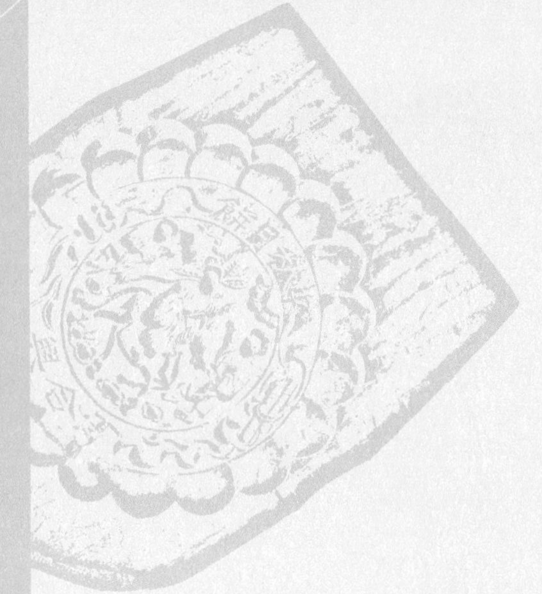

哪裡買

三協成餅鋪

地址：新北市淡水區中正路81號
電話：（02）2621-2177
價格：冬瓜肉餅150元／盒（12兩）
由於淡水在清代末葉開放為重要的國際通商港口，使得三協成因地方特色的融合，成為一家中西合璧的糕餅店，傳統與異國風味兼具，有西式的牛肉酥餅，也有中式的冬瓜肉餅。另外，於地下一樓成立「三協成糕餅博物館」，展示店主收藏的各式糕、粿、餅木模，讓餅店不只是餅店，同時也是推廣傳統文化的博物館。

新復珍

地址：新竹市北門街6號
電話：（03）522-2205
價格：小竹塹20元／個，大竹塹35元／個
位於城隍廟旁的新復珍，為新竹知名的百年糕餅店。除了竹塹餅之外，內包蜜桔餡的麻糬「美祿柑」、擁有原味蛋香的水蒸蛋糕、吃得到花生顆粒的傳統粩類、以及甜甜鹹鹹有大蒜味的柴梳餅……，都是相當受歡迎的產品。

隆源餅行

地址：新竹縣北埔鄉中正路16號
電話：（03）580-2337
價格：竹塹餅120元／盒（4入）
對於不喜歡吃到肥豬肉的人而言，位於北埔客家村的隆源餅行所製作的竹塹餅，是個不錯的選擇，油蔥香大過豬肉味。

洪瑞珍餅店

地址：彰化縣北斗鎮中華路198號
電話：（04）888-2076
價格：蜂巢餅55元／個
以酥糖聞名，但遵循古法製作的蜂巢餅也是店內招牌之一，皮酥餡香。

高隆珍餅鋪

地址：雲林縣土庫鎮中山路98號
電話：（05）662-2760
價格：蜂巢餅30元／個
店內的餅都遵循古法以純手工烘焙，其中蜂巢餅的口感香酥，越吃越香。

吳記餅店

地址：高雄市鳳山區光遠路284號
電話：（07）746-2291
價格：蝦米肉餅（小）55元／個，
120元／半斤
為高雄鳳山地區知名的老餅店，早期以經營包子、饅頭為主，人稱「包子王」，因此特別會選肉，奠定了做餅的基底，使得日後綠豆椪、蝦米肉餅內的肉質特別好，為技術關鍵之所在。

大餅

記得年幼時，有人送大餅，母親總會切成好幾塊擱餐桌上，任家人取食，由於不常吃到，往往一下子就一掃而空。因著這樣的回憶，每回只要看到中式漢餅店有賣大餅，我都不忘買回來與大家一起分享。

圓形的禮餅又有「大餅」之稱。

從前，常聽人家問：「你家嫁查某仔，吃幾斤餅？」指的就是大餅重量，目的是想藉此衡量男方的家境富裕與否。

傳統漢式喜餅大致可分為「大餅」、「盒仔餅」與「對餅」三種。所謂「大餅」是一大塊論斤計重的圓形禮餅；「盒仔餅」則為一盒六個漢餅；「對餅」是以兩個禮餅為一組，有「永結同心」的寓意。

嫁得好不好 論斤兩就知道

大餅是最傳統的喜餅形式，盛行於六〇年代以前的傳統農業社會，沒有華麗的禮盒包裝，都是一個個裝在紙袋中論斤計重，數量則是以百來計算。由於農業時代家庭組成分子眾多，加上台灣人愛面子的個性，使得餅越做越大，認為「大」才有面子，因此中南部訂製五斤以上大餅的事時有耳聞，台南地區甚至有十斤大餅的出現；顯見台南人對於嫁女兒的重視，以大餅來昭告天下、分享喜悅。

台南萬川號的店長陳月霞說：「店內六十多歲的老師傅還曾經做過十斤的大餅，可惜模型已丟棄。」不過，隨著時代變遷，飲食習慣及家庭人口結構的改變，現今大餅已不再以「大」為訴求；舊永瑞珍喜餅專賣店的張瑞麟也強調，早期動輒四、五斤以上的大餅，現在都縮小為一斤或改成六種口味的盒仔餅。想要嚐二斤以上的大餅，除非事先預訂，要不然就得到雲林北港去。

早期中南部訂製大餅動輒在五斤以上，顯見對嫁女兒的重視，以及與眾人分享喜悅的心情。

台南舊永瑞珍的大餅，常讓老一輩的台南人津津樂道。

六塊裝的「盒仔餅」又分有北部圓形與南部方形的差異，這與家庭人口結構的改變有很大關係。

正在忙著製作狀元大餅的師傅們。

北港地區因香客眾多，目前還有不少餅店做到三斤大的餅，因此南部人有「訂大餅在北港」一說。

北港狀元大餅　餡重達二斤

北港自古便是熱鬧的物資集散中心，每年湧入眾多採買與到朝天宮進香的人潮，靠著早期訂做大餅的興盛風氣，此地匯聚了多家糕餅店，一直到今天還有不少店家做到三斤大的餅（直徑二十八公分），因此南部人素有「訂大餅在北港」一說。

北港最著名的「狀元大餅」，是以滷肉、豆沙、肉鬆再加上一圈蛋黃為內餡；一個三斤重的大餅，光是內餡就重達二斤，可見料多實在。而要做出好吃的狀元餅，最重要的滷肉則是要取豬後腿肉來製作；長益食品行為北港其中一家糕餅老店，至今仍採古法以大灶炒肉，老闆施植才詳細解釋：「因為從引燃柴火到烈燄燃燒，一直到燒至灰燼，火苗的形成並不是一瞬間，也不是持續維持高燒狀態，溫度時高時低的現象讓肉質有了喘息的空間；就如同麵條燙熟後要加冰水使其急速冷卻一樣，會較瓦斯拌炒在肉質上更具有口感。」而有些餅店直接以肉鬆取代滷肉，口感就差遠了。

大餅變身　休閒零食小而美

大餅論斤計重的時代已經過去了，現今全台幾乎都統一重量，普遍一個十二兩或是一斤重，口味十分多樣，以棗泥核桃、滷肉豆沙、冬瓜肉

淡水新建成的蛋黃芝麻大餅成了休閒旅遊的伴手禮。

餅、鳳梨、紅豆Q餅、芝麻蛋黃等內餡最常見。昔日要結婚嫁娶時才吃得到的大餅，近年因懷舊風潮回流，講究真材實料的漢式喜餅又再度受到青睞，一般民眾轉而將大餅當成休閒零食享用，如淡水新建成餅店的芝麻蛋黃大餅，就吸引不少搭乘捷運遊玩的觀光客，成為到此一遊的伴手禮。

記得年幼時，有人送大餅，母親總會切成好幾塊放在餐桌上，然後蓋好，想吃的人就自行取食，由於不常有機會吃到，往往一下子就一掃而空。因著這樣的回憶，每次所到之處，只要看到中式漢餅店有賣大餅，我都不忘買回來與大家一起分享，泡壺茶，然後對著眼前的大餅開始品頭論足，討論滋味如何云云……

北港糕餅業十分興盛，除了老店錦華齋之外，還有兄弟檔的錦芳齋，以及美日珍、玉香珍、長益等。

新建成餅店

地址：新北市淡水區公明街42號
電話：（02）2621-1133
價格：芝麻蛋黃大餅150元／12兩
成立於民國40年代，是北台灣知名的喜餅店，由於淡水的遊客眾多、大家口耳相傳，奠定了口碑，其盒裝的圓形禮餅也成為觀光客回味古早味的懷舊食品。

錦華齋餅店

地址：雲林縣北港鎮民主路33號
電話：（05）783-2070
價格：狀元大餅110~130元／斤
北港知名的百年老餅店，早期以發酵餅、紅龜等傳統點心為主，至第三代接手，才以製作傳統漢式喜餅奠定口碑。產品口味將近30多種，以內包滷肉、肉脯、豆沙、蛋黃的狀元餅最為知名，其中肉餡經過先滷再炒兩道手續完成，因此香氣濃郁、口感十足。

長益食品行

地址：雲林縣北港鎮中山路126號
電話：（05）783-2346
價格：狀元大餅120元／斤
早期以糕聞名，龍鳳糕、茯苓糕、杏仁糕都是受歡迎的產品；直到民國50年代才以狀元餅及各式訂婚喜餅行銷全台。「狀元餅」即改良後的北港大餅，除了單盒包裝外，另有對餅及六塊裝的盒仔餅，並全部採真空包裝，既衛生又易保存！

舊永瑞珍餅店

地址：台南市永福路二段181號
電話：（06）222-3716
價格：圓形大餅210~260元／斤
台南府城做訂婚禮餅的經典老店之一，成立於日治大正10年（1921）左右，在台南老一輩人的觀念裡，送「舊永瑞珍」的六塊訂婚大餅可是一件很有面子的事。其之所以能在台南喜餅業界屹立不搖，是因為有老師傅加持的完整技術團隊，30多種喜餅還能維持傳統口味，其中以魯肉餅、古肉餅與鳳梨酥銷路最好。

舊振南餅店

地址：高雄市中正四路84號
電話：（07）288-8202
價格：長方形大餅160~180元／半斤
因老闆李雄慶體會到送餅是種喜悅的分享，所以舊振南的喜餅採純手工、接單製作，不做機械量產，並在訂婚的前一天晚上將餅宅配送到府。目前共有14種口味，如棗泥核桃、香菇滷肉、香蘭蓮蓉、蝦米肉餅、杏香酥、鳳梨酥、伍仁、綠豆椪、烏豆沙等。在通路行銷上，目前全台除了多個百貨公司據點，更將觸角伸進高鐵的左營、台南、嘉義、台中站，以提供南來北往的旅客更便捷的購物選擇。

發酵餅

既無金黃油亮的餅皮，也無豐腴濃醇的餡料，這種帶著甜甜麵粉香、以素顏迎人的圓餅，以它純樸的滋味為北港地區傳誦著古早時代旅人的鄉愁，也分享著喜慶嫁娶的喜悅

雲林土庫高隆珍餅鋪所做的發酵餅，口感較軟不乾硬。

過去一直把傳統結婚喜餅與「大餅」直接畫上等號，近幾年實地走訪了好些地方，才發現喜餅的形式與做法，其實各地有別；像我母親是雲林人，四十多年前的結婚喜餅，除了一個圓形禮餅外，還會另加上一塊「發酵餅」。這種餅因必須經過發酵烘焙而得名，也有人稱為「發餅」或「酵餅」；或因餅的兩面微微凸起，而叫做「凸餅」。

它的原料很簡單，主要是麵粉和糖；但製作方式卻略為繁複，必須將麵粉、天然活酵母加水攪拌，經過一天一夜發酵後，再加進砂糖和麵粉搓揉而成。這種餅水分少，所以耐久藏；不含任何防腐劑，卻可保存兩個月以上。

古早味乾糧　方便好充飢

根據雲林北港的文史工作者林永村、林志浩，在《笨港：一個古老港口的歷史與文化》一書中所做的考據，這種沒有包餡、吃起來香甜鬆軟的餅，相傳是清初從閩南傳進台灣的。早年北港商旅及香客往來頻繁，經常需要長途跋涉；發酵餅因攜帶方便、且不易受台灣潮濕炎熱的天候影響而變質，理所當然成為受歡迎的乾糧，在北港流行起來。

這一點文化背景，說明了發酵餅為何除了北港之外別處少見的原因。

製作北港發酵餅，早期以民主路上的「錦華齋」最有名。老闆蔡曜西強調，發酵餅不黏牙又能充飢，具有改善胃酸防暈車的效果；加上發酵

發酵餅水分少、耐久藏，為早期受歡迎的乾糧。

圓形的發酵餅外觀與禮餅相似，只不過體積小一點，是北港地區特殊的點心。

餅有「發財」之寓意，用來祭拜神明再吉祥也不過，因此很受到當時香客的喜愛，經常人手一包二個裝。

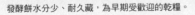

發餅作喜餅　見證古早禮

不過，由於發酵餅的製作方式與大餅不同，蔡曜西老闆表示，目前北港地區餅店的發酵餅幾乎全都委外製作；經過我的實地訪查，發現多是由「玉美珍」、「季萬珍」、「信福」三家批發。其中位於嘉義縣六腳鄉六斗村的玉美珍已有五十年以上的歷史，其所製作的發酵餅曾於一九九八年得到優良食品評鑑金牌獎，並還取得經濟部智慧財產局商標註冊，不油不膩，具有天然的糖味與麵香。我也曾在鹿港天后宮前

錦華齋的發酵餅是由50年老牌「玉美珍」所製作批發，曾榮獲民國87年優良食品金牌獎。產品包裝分為兩種，一是二大塊裝（14兩，直徑21公分）；另一為五小塊裝（7兩）。

製作北港發酵餅，早期以民主路「錦華齋」最有名。圖為老闆蔡曜西。

的賣餅小販攤上，發現過玉美珍發酵餅的蹤跡。

因價格便宜，過往發酵餅也常作為當地人喜慶結婚時的餽贈禮物，依照雲林地區的古早禮，除了送「對餅」（參閱大餅單元，一一二頁）之外，往往還會再加上一個「凸餅」；現今北港以皮薄餡多的大餅聞名，反倒是這種已有三百多年歷史的發酵餅，卻漸漸乏人問津。

便宜耐久藏　拿來當醮餅

除了香客和懷舊者偶爾會買來打打牙祭，耐久藏的發酵餅也被運用在宗教祭祀上，當成「醮餅」來使用。二〇〇六年，我在每三年舉行一次的台南西港王船祭典上，發現道士進行「登台拜表（登上高台、念誦表文、祭拜上天）」科儀中所備的供品裡，有發酵餅做的醮餅；尺寸有大小之分，小的直徑約二十三公分、大的約三十二公分，據慶安宮的廟方表示這是向雲林北港所訂製。

醮餅的使用以台南廟宇最為盛行，儀式完畢之後，供品多由廟方收走，很少發給民眾；那一年，幸運地得到一個小醮餅，便與大夥一起分享平安，這也是我對發酵餅的最初印象，後來才知道這麼一塊看似簡單的小餅，竟有這麼多的功用！

西港王船祭典

三年一科、於農曆四月間舉行的西港王船祭，與台中「大甲香」、屏東「東港香」並稱台灣三大香。「西港香」由台南市西港區慶安宮主其事，歷史悠久，自清道光27年（1847）迄今，延續力可謂全台首屈一指，祭典活動結合迎王、醮典、陣頭遶境、刈香、送王遊天河（燒王船），典章制度可說完全遵循前清王府禮儀，百年原味。遶境區域廣是西港香的一個特色，橫跨曾文溪南北兩岸大小庄頭，不過以最後一天的「送王」燒王船儀式，為整個祭典的最高潮。

西港王船祭典中道士科儀所備的醮餅，就是發酵餅。

北港朝天宮

創建於清康熙33年（1694）的北港朝天宮，原本只是一座茅草搭建的小廟，於日治明治41年（1908）重建後，才有今天巍峨富麗的廟宇外觀，無論是屋頂剪黏、牆壁彩繪或石雕木刻，都被認為是近代台灣廟宇建築的經典，被列為二級古蹟。廟中供祀天上聖母、鎮殿媽、湄洲媽祖、觀世音菩薩等神像，可說是台灣媽祖廟的總壇，吸引全台虔誠的香客到來，為北港地區帶來了繁榮。

朝天宮是北港最負盛名的廟宇，香客絡繹不絕。

哪裡買

錦華齋餅店
地址：雲林縣北港鎮民主路33號
電話：（05）783-2070
價格：50元／2大塊，30元／5小塊

高隆珍餅鋪
地址：雲林縣土庫鎮中山路98號
電話：（05）662-2760
價格：20元／個
位於土庫鎮第二公有市場對面的高隆珍，是一家具有百年歷史的老店，據說老祖先曾在清乾隆皇帝在位時擔任過御膳房廚師，只可惜乾隆御賜的狀元印、香爐等資料，都於民國42年市場一場大火所燒盡。店內以龍鳳一口酥、蜂巢餅及傳統喜餅最負盛名。

水晶餅

究竟是怎樣的餅會有如此晶瑩剔透的名字？它是鹹還是甜？是葷還是素？餅皮與餡料各有什麼特色？從最初在台灣頭的淡水聽聞一絲線索後，我一路往南到雲嘉南地區，追尋水晶餅的身世……

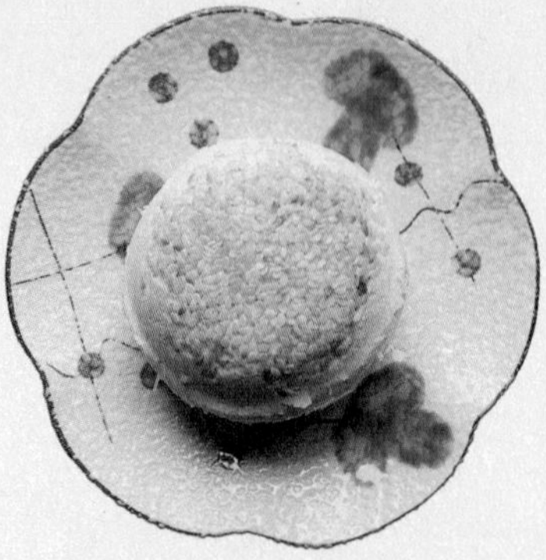

嘉義新台灣餅鋪的水晶杏仁餅。

記得淡水三協成餅鋪的老闆李志仁曾說過，他們家的冬瓜肉餅前身即是泉州水晶餅；是一種內包有冬瓜、滷肉，外沾上白芝麻，擁有白色、薄軟外皮的餅。

這是我對水晶餅的最初印象，也是目前所知水晶餅的最早雛形。但往後我在中南部餅店所發現的水晶餅，從外形到內餡都與之截然不同。

加了水晶粉的水晶餅

也許是經過時間的淬鍊，餅的做法有了改變，因此現今的水晶餅從外觀看起來，都是油酥餅皮，並且在圓圓白白的表皮灑上滿滿的白芝麻；內餡切開，色澤略白，入口杏仁味撲鼻。單看外表，我還是不甚明白為什麼叫做水晶餅？

後來才知道是因為加入「水晶粉」的關係。

北港地區許多餅家都賣有水晶餅這一味，聽老店錦華齋的老闆蔡曜西說，所謂水晶餅主要是指內餡用的水晶粉，這是一種白色粉末、蒸煮後會變透明，所以加在餅餡裡除了具黏稠性外，隨著烘焙熱度的加溫，色澤會由乳白色漸轉為半透明狀，好像水晶一樣，因而得此名。

清淡口味的杏仁肉餅

「這是種很傳統的中式糕餅，由於口感清淡，再加上杏仁對於保養氣

早期的水晶餅具有薄軟外皮，
現多做成層層的油酥餅皮，且
帶有清淡的杏仁味。

一個個灑滿白芝麻的水晶餅，是北港地區常見的口味。

錦華齋的水晶餅除了杏仁油之外，還拌入冬瓜及小塊肥肉，可視為一種杏仁口味的肉餅。

管有不錯的功效，過去很受文人雅士所喜好。但因為杏仁口味的餅並不是每一個人都喜歡，所以知名度沒有滷肉豆沙來得廣。而且若非老店，很多人是不會做這種餅的。」蔡曜西老闆強調，他們的水晶餅是以水晶粉加糖、豬油、杏仁油調和麵粉，並且拌入冬瓜及小塊肥肉等材料，外再包覆麵皮沾上一層芝麻，烘烤製成，吃起來的口感竟與豆沙餡有幾分類似。由於裡面包有小塊小塊的肥豬肉，也可視為肉餅的一種，只是杏仁清淡的甜口味與傳統肉餅大不相同。

或許，這是為了變化肉餅口味而衍生出來的另一種餅食吧！

名同「水晶」貌相異

位於嘉義市區噴水圓環一隅的新台灣餅鋪，是一家有六十年歷史的餅店，店內招牌之一，就是「水晶杏仁餅」，不過它只以水晶粉加上杏仁、香料製成，入口後淡淡的杏仁香會從嘴裡化開，口感有點沙沙乾乾的，適合搭配茶飲。至於台南萬川號的水

晶餅，則完全不帶杏仁味，據店長陳月霞表示，他們的水晶餅外皮較厚且硬，內餡則以白豆沙及「肉卵」（網狀的肥豬肉）為主，做法又與其他店家大相逕庭。

想必，不是每個人都能接受杏仁口味，而喜歡的就很喜歡。為了進一步了解雲嘉地區食用水晶餅的情形，我也請教了土庫的高隆珍餅鋪，讓人意外的是，第六代的高宗慶說，自他母親那一代起就不再製作水晶餅了，理由是天然的杏仁等香料取得不易。說不定，這也是水晶餅漸漸式微的原因之一。

因此，想找到最傳統的水晶餅雛形相當困難，不過從目前餅店製作的水晶餅來看，杏仁味的香甜口感是較多的做法，應可作為找尋古早味的指標之一。

哪裡買

新台灣餅鋪

地址：嘉義市中山路294號
電話：（05）222-2154
價格：水晶杏仁餅（小）30元／個
是一家自民國38年（1949）開業至今的老餅店，前身為日治時期的日向屋餅家，創立於明治34年（1901），是嘉義第一家麵包店，台灣光復後則由在店內學藝的盧福接手。目前除了西點麵包外，並兼有中日式點心，其中以羊羹、水晶杏仁餅為招牌產品。

新台灣餅鋪的神木羊羹
是其招牌之一。

錦華齋餅店

地址：雲林縣北港鎮民主路33號
電話：（05）783-2070
價格：水晶餅25元／個
錦華齋現址不在朝天宮前熱鬧的中山路上，但上門的都是懂門道的熟客。

香餅

白胖圓凸的香餅，是古都台南源遠流長的一項特產；以麻油小火慢煎，再加個蛋或是龍眼乾，那香氣十足的樸實美味，滋補了坐月子婦女的身心，也代表著一地飲食風俗的獨特樣貌。

舊來發的香餅口感甚好，又薄又Q，唯一缺點是太容易破了。

第一次認識「香餅」，是多年以前在台南的時候，這種單純由麵粉、糖所製成的餅食，沒有華麗的外表，但圓鼓鼓的模樣，帶著一點拙趣；輕手掰開後，發現它只是「虛胖」，在薄脆的外殼下，裡面居然是空心的，只在底部有一層糖漿，以黑糖做成的稱「黑香」，白糖做的則叫「白香」。這麼樸素、簡單的餅，若非事先蒐集資料知道它的歷史悠久，可能一點也引不起我的興趣。

後來再度拜訪台南，我才有機會可以仔細地品嚐香餅，吃出它獨特的滋味來。

坐月子聖品　麻油煎餅幸福味

香餅其實是早年生活拮据、營養比較缺乏的情形下，給坐月子婦女吃的一道滋補點心，因此又稱為「月內餅」。吃法是先以麻油熱鍋，然後把餅上方開個小洞、放在鍋裡，打一個蛋或加龍眼乾進去，與餅一同煎熟，之後翻面滴上米酒，就是外脆內軟、又「香」又「補」的坐月子聖品。府城老餅店「萬川號」的店長陳月霞說，這種飲食風俗是台南獨有的地方文化，許多坐月子婦女都會指定購買；如果不想吃得這麼補，也可以單吃，感受餅皮的Q度及糖香。

這一點，讓我覺得台南人很幸福，至少在吃膩了坐月子餐之後，還有月內餅可以做變化。而單吃滋味的奧妙，則是我在比較萬川號與舊來發

香餅又稱為「月內餅」，是早年給婦女坐月子時吃的餅。黑糖做的叫「黑香」，白糖的叫「白香」。

1. 香餅必須純手工擀製，才能有恰到好處的大小與口感。
2. 以尺寸來說，舊來發的香餅較萬川號稍大，但也較容易破碎。
3. 一顆顆褐色的香餅包的是黑糖內餡。

這兩家百年老餅店的手藝之後，才慢慢衍生出的心得。

香餅東西軍
皮薄餡香各擅場

萬川號與舊來發的香餅，各有擁戴者。不過，就我個人看法，以餅皮來說，舊來發略勝一籌，它做的尺寸稍大，卻較為薄且Q軟，唯一的缺點就是太容易破碎了；至於內餡，兩者的「黑香」雖然都是以黑糖做原料，味道濃郁而不黏牙，但是萬川號的吃起來還另有一股花生味道，這也是其獨門祕方所在。陳月霞補充說明：「我曾經看過師傅製作，他們擀出來的麵皮原是很大一個，

圓鼓鼓的香餅，雖然沒有什麼華麗的外形，但卻是常存人心的古早滋味。

但因彈性很好而回縮，所以再怎麼做也不可能太大；麵皮進烤箱後由於熱脹原理，一有點空氣內部就膨脹起來。雖然我們的尺寸較小，但重量一定比別人大的還重，表示真正有料。」她指出，有些店家尺寸做得較大，雖不易破碎，但口感過硬反倒不好吃。

香餅是台南特有的傳統點心，別處幾乎吃不到，為什麼不像其他的餅一樣普及於各地，也許就在於它的簡單與樸實吧！沒有花俏的外表，也沒有炫人的內餡，因此在味蕾充滿刺激的大都市中勾引不起誘惑，不過卻能憑著麵粉與糖的單純原味，緊扣府城人心三百多年，顯見這地方的飲食生活有著悠久的傳承與文化的沉澱。

哪裡買

萬川號餅鋪

地址：台南市民權路一段205號
電話：（06）222-3234
價格：20元／個

創設於清同治10年（1871）的萬川號，是台南最老字號的餅店，以包子、水晶餃等台式點心起家。包子內餡是以上選豬肉加入天然佐料入味，外皮綿密富有彈性，因此一個個渾厚飽滿；且堅持每天現做、限量供應的原則，讓客人都能吃到熱騰騰的新鮮肉包。另一項特色點心水晶餃，則是以脆甜的豆薯、鮮肉、香菇、蝦米為原料，外再裹上一層薄薄Q軟的番薯粉皮，可說台灣味十足，是具有特色的「台灣水餃」。而傳統糕餅除了香餅外，古月餅、花瓶餅、沙西餅等別具特色的古早餅，以及涼糕、桂花糕、話梅糕等中式糕品，也都是膾炙人口的鄉土點心！

舊來發餅鋪

地址：台南市自強街15號
電話：（06）225-8663
價格：18元／個

是一家自清光緒年間就營業至今的餅店，位於開基天后宮正對面，與廟宇、宗教信仰緊密相連，每逢過年或神明誕辰就是店裡最忙碌的時刻。各項傳統餅食皆採手工製作，如香餅、鳳梨酥、綠豆椪、壽桃、紅龜粿及各式糕品等，不僅神明青睞，府城民眾也相當捧場。至今能維持百年不墜的原因，唯有「誠心」二字！

胡椒餅

說起胡椒餅，少有人不想到那金黃酥脆的餅皮，與蔥香肉鮮的內餡。但你可知有種古早胡椒餅——古月餅，空心的內裡不見蔥肉，也不見胡椒，僅包有一層白糖？

古月餅可說是包有蔥肉的胡椒餅的前身。

我喜歡吃胡椒餅，尤其是剛剛從缸爐裡拿出來熱騰騰的餅，捧在手心上，小心翼翼地輕輕咬下，深怕燙傷了舌頭，然後一面享受裡頭混合著蔥、胡椒及豬肉末的濃腴滋味，還有餅內鮮美的湯汁。在寒冬裡吃上這麼一顆，好像元氣都有了，一直從心裡暖和到胃裡去，十分滿足。

葷素鹹甜大不同

據說胡椒餅源自中國福州，原名叫做「蔥肉餅」，以前在台灣甚為少見，大約從民國七〇年代開始成為街頭巷尾受歡迎的麵餅小吃，可能由於它胡椒味濃、略帶辛辣的口感，後來大家都俗稱它為「胡椒餅」。現在口味越來越多元，除了原有的豬肉餡外，還變化出牛肉、羊肉、咖哩雞肉等其他內餡，不過，若說有種胡椒餅是素食的、且帶有甜味，吃過的人可能就不太多了；而我的第一次體驗，就是在台南的萬川號餅鋪。

萬川號所賣的胡椒餅同樣具有圓滾滾的外形，餅皮上也灑有白芝麻，但裡頭卻和香餅一樣是空心的，僅包有一層QQ的白糖，與我們常吃到的、包著滿滿肉餡與蔥花的葷食版大不相同；它的味道吃起來跟甜燒餅很像，但餅皮薄且香硬酥脆，剛出爐時趁熱食用，更是香味四溢。

舊時「古月」猶飄香

店長陳月霞說，這個餅由來已久了，相傳是清代胡人打獵時隨身攜帶

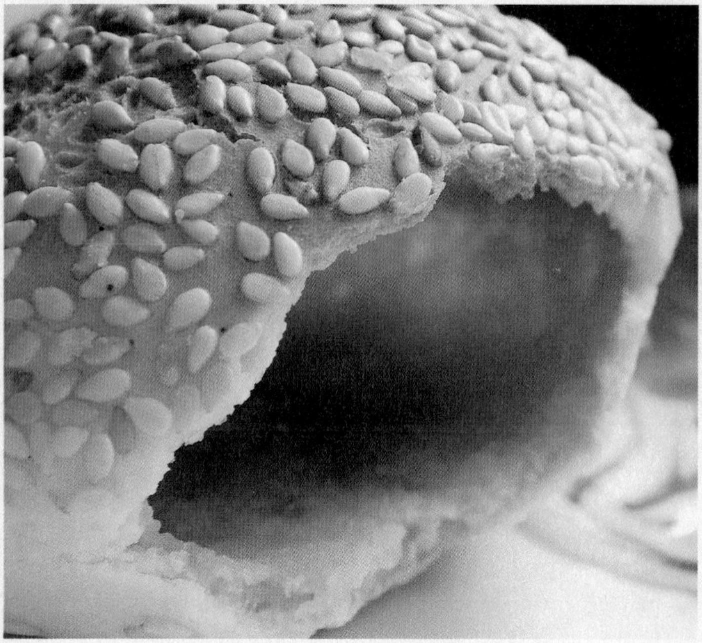

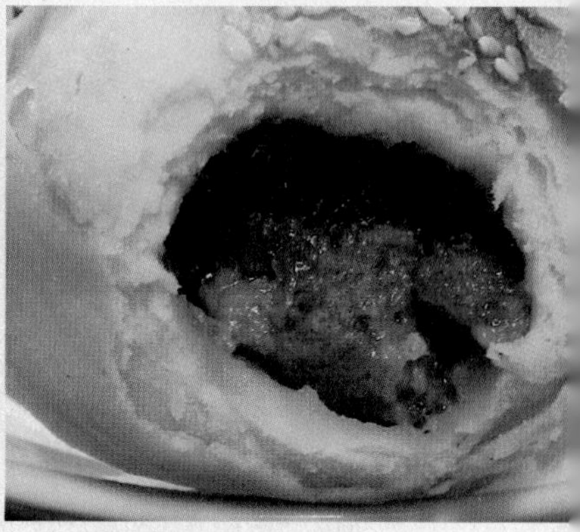

街頭巷尾到處都可見熱騰騰出爐的胡椒餅，裡頭包有飽滿的肉餡。

古月餅內裡空心，僅包有薄薄一層白糖，全台只有在台南的萬川號餅鋪才吃得到。

的餅，因此又稱為「古月餅」（「古」、「月」相合就是個「胡」字）。據了解古代的吃法是先將餅掐個洞，再將獵食的肉類烤熟後塞進餅中，由於台灣早期經濟並不富裕，那時多是將榨過油的豬肉渣放入餅內，外面再沾上胡椒一起食用；她表示到目前為止，偶爾還有少數客人會這麼做，其他大都是買回去直接吃。

我不禁在想，葷、素胡椒餅之間的關聯性。早年經濟條件不佳，物資貧乏，肉品取得不易，古月餅的出現，反映了當時的景況；之後隨著社會進步、所得增加，自然就發展出有蔥又有肉的進階版了。不過，在那個餅食種類選擇性少的年代，古月餅可是劃時代的產品，一直到現在都還讓老一輩的台南人津津樂道著；相較之下，我們今天能吃到飽滿肉餡的胡椒餅，可真是要惜福啊！

哪裡買

萬川號餅鋪
地址：台南市民權路一段205號
電話：（06）222-3234
價格：古月餅23元／個
店內古月餅分有、無胡椒兩種口味。詳細店家介紹請參閱P. 129

柴梳餅

揉合濃烈蒜味與清甜糖香的柴梳餅，有著像古代木梳的優雅造型；這款餡料獨特、鹹甜交織的老牌點心，是傳承老祖宗幾百年生活智慧的另一見證。

柴梳餅雖以古代仕女的木梳為造型，但各家餅店製作的大小、胖瘦各異。圖左為舊來發、圖右為萬川號。

第一眼看到「柴梳餅」，是對它像刈包的外形感到好奇；後來才知道這種古早味點心，是因外觀形似古代婦女所用的木梳子而得名，做法是利用酥油皮包裹蒜頭、糖等餡料，再將麵團擀成長橢圓形後對折而成，難怪一口咬下滿嘴濃郁的蒜香氣息，擁有半甜半鹹的口感。

名稱各巧妙 「蒜」味永流長

由於柴梳的台語發音為「ㄙㄚ ㄙㄟ」，台南萬川號餅鋪便將它命名為「沙西餅」；也有餅店是以原料命名，稱為「蒜蓉餅」；或是冠上自己的店號，如台中神岡犁記餅店的「犁蒜餅」。不管名稱如何變化，大體都脫離不了它的形狀和原料，讓人一眼就明瞭這是包有大蒜的餅。

雖說皆以大蒜為主要餡料，但吃起來各家風味仍略有差別。萬川號的沙西餅，除了大蒜的味道外，另多加川芎、肉桂等中藥在內；舊來發與新復珍的，入口還有濃濃的豬肉味；與竹塹餅（見一〇六頁）一樣，看不到豬肉卻聞得到豬肉香，想必在早期也是大受歡迎的餅。

以現代的眼光來看，許多人可能覺得柴梳餅平凡無奇，但在物資缺乏的年歲裡，懂得利用大蒜特有的辛辣味及刺激味來做餅，卻是老祖宗幾百年流傳下來的智慧；更何況，大蒜對於人體保健及疾病治療的功效，現今已有了具體的研究成果。因此在品嚐柴梳餅時，我一面開放味蕾去領略蒜味糖香的奇妙組合，一面細細咀嚼其中深遠的文化滋味。

哪裡買

新復珍
地址：新竹市北門街6號
電話：（03）522-2205
價格：35元／個
詳細介紹，請參閱P. 111

犁記餅店
地址：台中市神岡區社口里中山路520號
電話：（04）2562-7135
價格：16元／個
詳細介紹，請參閱P. 93

萬川號餅鋪
地址：台南市民權路一段205號
電話：（06）222-3234
價格：25元／個
詳細介紹，請參閱P. 129

舊來發餅鋪
地址：台南市自強街15號
電話：（06）225-8663
價格：20元／個
詳細介紹，請參閱P. 129

台中犁記餅店出品的「犁蒜餅」。

新竹新復珍的柴梳餅上灑有香菜作記號，入口豬肉味濃。

口酥餅

遵循傳統做法、嚴選豬油烘焙而成的口酥餅，身形小巧，口感酥鬆，而且多了種不一樣的古早味香氣，叫人心動牙癢，一吃就停不了口。

萬川號的「一口酥餅」。

有別於西式餅乾以奶油為原料，嚴選豬油特製而成的口酥餅，則是最具本土特色的台式餅乾。主要原料成分為麵粉、糖、豬油，有的還會加入蛋及牛奶來提味，由於具有特殊的風味及香酥的口感，很容易讓人一口接一口，不知不覺地上癮，所以一直沒有被西式餅乾所取代。

桃酥縮小版　鬆酥香脆好順口

據餅店的說法，口酥餅是由桃酥演變而來。屬於北方傳統點心的桃酥多做成巴掌大一塊，因為體積大，吃的時候容易掉碎屑，因此改良而成「一口酥」，大小有如五十元硬幣，在傳統漢餅店裡常見其蹤跡，如鹿港玉珍齋、彰化北斗的洪瑞珍、雲林土庫的高隆珍以及台南萬川號等。只不過，各家做法及大小略有不同，就我目前所見，以高隆珍的「龍鳳一口酥」尺寸最大，約有三點八公分，並在成分裡多加了胚芽、花生；玉珍齋的體積略小，但形體完整，上頭的花紋清晰可見。

這樣的零嘴餅乾不僅台灣有，香港的小桃酥、澳門的杏仁酥也有異曲同工之妙，雖然主原料基本上都不脫麵粉、油、糖三種，但不添杏仁味的口酥餅，卻是以簡單樸實的古早味，長存人心。

玉珍齋的口酥餅形體完整，上頭花紋清晰可見。

哪裡買

玉珍齋
地址：彰化縣鹿港鎮民族路168號
電話：（04）777-3672
價格：100元／盒（24入）
詳細介紹，請參閱P. 63

高隆珍餅鋪
地址：雲林縣土庫鎮中山路98號
電話：（05）662-2760
價格：90元／包
詳細介紹，請參閱P. 121

洪瑞珍餅店
地址：彰化縣北斗鎮中華路198號
電話：（04）888-2076
價格：65元／包
成立於日治時期，其所製作的「海苔酥糖」，與肉丸、肉乾並稱為北斗鎮三大名產。著名產品除了海苔酥糖外，還有口酥餅、蜂巢餅以及手工喜餅，都是傳承一甲子的好口味。至今在北斗、二林、台中擁有多家分店。

萬川號餅鋪
地址：台南市民權路一段205號
電話：（06）222-3234
價格：50元／小包，80元／大包
詳細介紹，請參閱P. 129

加有豬油的口酥餅是台灣自創餅乾之一，圖為高隆珍的「龍鳳一口酥」，上頭有個「高」字。

番薯餅

在白煙熱氣中，迫不及待咬下這充滿鄉土香氣的一味餅，那滑膩甜香的番薯餡不僅滿足了口腹，也溫暖了心房，連小鎮淳樸婉約的風情彷彿也在我唇齒間流連不去……

隆源的番薯餅上印有月牙的符號，與芋仔餅五個小洞戳記區別。

第一次吃到熱騰騰的番薯餅是在新竹北埔，趁著餅還冒著煙，就迫不及待在伯公廟旁的涼亭裡吃了起來，從此，每到北埔小鎮一遊，都不忘帶盒番薯餅犒賞自己。

客家月餅 樸實地瓜餡

番薯餅登上伴手禮的舞台，雖是這近十幾年的事，但其實早在物質生活不富裕的年代，它就已經存在了；當時番薯便宜，常被拿來當成糕餅的材料，尤其是製作應景的中秋月餅，因此番薯餅又有「月光餅」的俗稱。記得犁記餅店第四代張煥昇曾提起，他的「阿太」（曾祖父）張林犁最早就是以番薯為餡，但因人吃了以後會有小小的不便——容易產生排氣的情形，於是在仕紳林振芳的建議下改用綠豆，想不到口感極佳，因而闖出了「犁記」糕餅的名號。

而儉樸的客家人又稱番薯餅為「月華餅」。著有《台灣客家女性》一書的張典婉，曾在她的部落格深刻描寫客家人吃月餅的情景：「在月餅沒有如此爭奇鬥豔的年代，客家村小餅店裡，最受歡迎的月餅，就是月華餅，扁扁的餡裡；是黃黃地地瓜餡，一層層薄薄餅皮；上面會有一個小紅點，或是幾個小紅點一排排站好……」在她的記憶裡，月華餅大部分都是論斤賣的，雖然外形極簡不花巧，但吃起來卻口口都是番薯的香甜味。

雖然是以平凡的番薯入餡，外形簡單不花俏，但一入口滿滿的番薯香甜味，卻讓人懷念再三。

同是番薯餅，但因做法的不同而呈現口感的差異。圖左為大溪永珍香，圖右為北埔隆源。

永珍香的番薯餅（上）不論在餅皮及內餡上都比隆源（下）來得薄，從側面即可看出隆源飽滿的金黃內餡。

現在想吃到原味的月華餅，非得往不起眼的客家村落尋覓；張典婉就曾在苗栗銅鑼、公館等地的小餅行，找到保有五十年前口味的月華餅。

硬皮改酥皮　內餡更鬆軟

至於現今幾乎與新竹北埔小鎮畫上等號的番薯餅，就是改良自傳統客家村的月華餅，成為百年餅店隆源的金字招牌。根據隆源餅行第三代的張宗文表示，早期番薯餅的銷售並不好，大多是在山區工作的勞工買來當乾糧、或是中秋節當成祭拜的供品，直到引進西點麵包的製作技術，將原本堅硬的餅皮改良為油酥皮，番薯內餡也變得更為鬆軟好吃，才從此打開市場，讓老點心搖身一變為膾炙人口的名餅。

「假日前來較有可能吃到熱騰騰的餅，而平日則要早上十點以前。」第四代大媳婦邱如君說，如果冷了，回家用烤箱熱一下，就能品嚐到像剛出爐一般的香酥好滋味。而番薯內餡，他們使用的是來自苗栗一帶的黃肉品種，至於為何選擇黃色的？張宗文說因為與紅肉品種相比，它的口感更Q甜、香氣也足；而為了避免番薯削好皮後會產生氧化變黑的現象，店內有一台專門清洗的機器，因此做出來的番薯餅仍能維持金黃色澤，讓人垂涎欲滴。

由於番薯餅大受歡迎，張宗文接手隆源之後，又研發出以相同餅皮包覆芋頭餡的芋仔餅，並且為了讓兩者從外觀就能輕易分辨，餅皮上分別

哪裡買

隆源餅行

地址：新竹縣北埔鄉中正路16號
電話：（03）580-2337
價格：170元／盒（8入）
總店位於北埔新竹客運站對面，是過往旅客購買糕餅的首選，番薯餅出爐時間不定，想吃到熱騰騰的餅還得碰碰運氣。產品除了皮薄餡多、甜而不膩的番薯餅、芋仔餅外，另有糖粑餅、白蓮蓉月光餅及擂茶餅，其中糖粑餅為獨家研發的客家新式月餅，具有鹹中帶甜的特殊口味。

三協成餅鋪

地址：新北市淡水區中正路81號
電話：（02）2621-2177
價格：150元／盒（6入）
店內番薯餅選用的是淡水大屯山麓下北新莊的番薯，為一位楊進財老農所種植，因對這塊土地有著同樣的熱愛，遂造就產品的誕生，分為黃、紫兩種口味，以薄薄焦黃的餅皮包覆香濃綿密的番薯餡，就像是一顆顆剛烤熟的番薯，在形與味上都十分到位。

永珍香餅店

地址：桃園市大溪區中央路107號
電話：（03）388-2330
價格：100元／袋（10入）
創立於1945年的永珍香，是大溪的老餅店，除了番薯餅之外，還有糕仔、粿、紅桃等產品，以及拜拜所用的盞，是一間與當地廟宇息息相關的餅店。

以彎月符號及五個戳洞區別；而這獨特別致的彎月符號，也成為認明隆源番薯餅的最佳標記。

大溪番薯餅　皮薄更Q軟

有別於竹東地區的番薯餅擁有酥脆的油酥餅皮，大溪番薯餅的外皮則僅薄薄一層，以Q軟的口感為主。由於神桌、豆干、番薯曾為台灣光復初期大溪的三大特產，因此這裡也有相當多的餅店製作番薯餅，其中以位於中央路與新南老街交口的「永珍香」歷史最悠久、也最有口碑。

老闆黃辰義透露番薯餅好吃的關鍵，在於使用來自雲嘉地區海口的番薯，並以大溪糯米攪拌成餡，其中番薯與糯米粉的比例要維持在二比一，味道才會剛剛好，再一個個以手工捏製成形送進烤箱。如此傳承古法、親手打造，難怪永珍香雖無華麗氣派的門面，卻能吸引絡繹不絕的遊客來此找尋古早味。

這麼樸素的一味餅，我喜歡它不僅是因著香甜的番薯溫暖了心房，其間還有淳樸的小鎮風情讓我流連難忘……

牛舌餅

你喜歡吃「軟」，還是吃「硬」？偏愛厚Q的口感，抑是薄脆的個性？同樣稱做牛舌餅，鹿港與宜蘭兩地卻呈現出截然不同的風味……

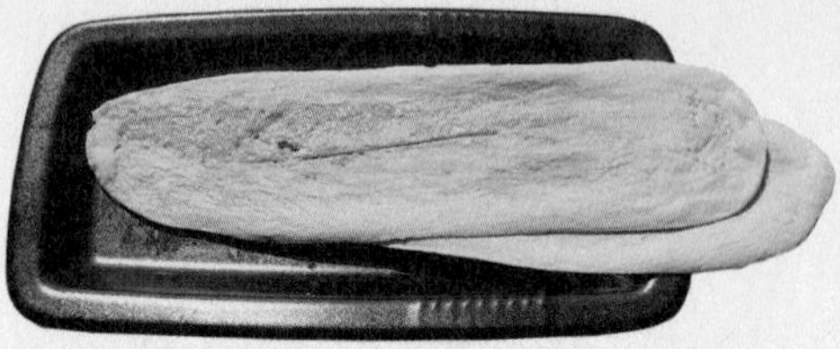
輕薄如紙的牛舌餅，顛覆了傳統宜蘭硬式的口感。

台灣以牛舌餅聞名的地方有兩處，一是鹿港、另一為宜蘭，雖然原料都是麵粉、麥芽糖、鹽等，但兩者在形狀、製法及口感上都不大相同，實在是一件很有趣的事。

簡而言之，鹿港的是軟式；宜蘭的是硬式。到底誰比較早？二者之間有無關聯？一直是我很想探究的課題。

鹿港為軟式牛舌餅的代表

不過可以確定的是，鹿港牛舌餅並不是一種歷史很久遠的傳統餅食，記得玉珍齋的老闆黃一彬曾提過，那是商人炒作的，他說：「這一點從製作的手法上可見一斑，鹿港糕點的特色是精、巧，而牛舌餅的做法比較簡陋，不似糕類需要經長時間慢慢磨製。」

而專門生產牛舌餅的「明豐珍」老闆蘇正興也表示，鹿港牛舌餅大約是在一九七〇年前後出現的，起初沒什麼名氣，要到一九七九年，五月慶端陽舉辦第一屆全國民俗才藝活動時，把牛舌餅列入「民俗茶點」之一，才打響了牛舌餅的名號。

究竟是誰創作出這款軟式牛舌餅，已很難追根究柢了。但是無可否認的，形狀寬厚、口感Q軟的牛舌餅，已經成為鹿港的一大特色，在天后宮前到處都看得到販賣牛舌餅的小販，且還創新研發出山藥、草莓、黑糖、咖啡、抹茶、檸檬等七彩的口味。

鹿港的牛舌餅形狀寬、短、厚，口感酥、軟，包有麥芽糖內餡。

宜蘭牛舌餅口感脆硬

有別於鹿港的厚軟，宜蘭地區的牛舌餅則是擁有脆、硬的口感；如果說鹿港的算是麵餅的一種，那麼宜蘭的就比較類似於餅乾。

根據「宜蘭餅食品公司」負責製作牛舌餅的廠長林建華表示，軟式與硬式兩者，同樣都是將麵團包上內餡後擀成長舌狀，再進烤箱烘烤而成。其中最大的差別在於餅皮，軟式的麵皮較厚且加入油酥，所以吃起來有層次感，而硬式的沒有；至於內餡，軟式的麥芽糖多，口感較甜，且用的是豬油。

此外，硬式的做法，往往

宜蘭牛舌餅的製作，以「老元香」最為老牌。圖為長房老元香的產品包裝，袋上的乳牛為家族標誌。

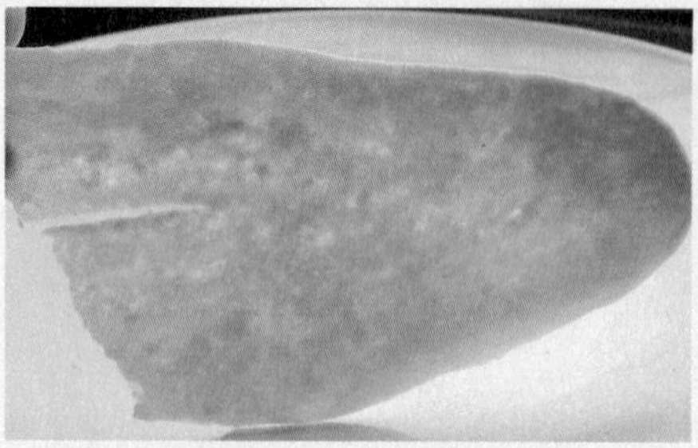

這號稱全世界最薄的牛舌餅，透光性佳，香薄酥脆的口感，不僅大人喜歡，老人小孩也都愛不釋手。

在擀成長薄形狀之後，會在中間直直劃一道切痕，讓裡頭的空氣在烘烤時可以蒸發掉，使外形不至於變形，也因此更像牛的舌頭。

論及宜蘭牛舌餅的製作，則以「老元香」最為老牌，因此從歷史的角度來看，宜蘭牛舌餅應該比鹿港來得悠久。

老元香創設於清同治十年（一八七一），從第一代黃苳至今，已五代經營，由於第三代各自分家的關係，在宜蘭市光是以「老元香」為名的餅鋪就有四家，問起之間有何不同？得到的說法都是大家各做各的，雖然口味、包裝略不相同，但包裝袋上都有一隻「乳牛」的圖案，是認明老元香產品的金字招牌。

不過，我想以不變口味風靡百年的老元香，一定沒想到居然在二〇〇一年被輕薄化的牛舌餅給顛覆了，除了自家廠牌的競爭外，還面臨外在更大的市場挑戰。

零點一公分輕薄如紙的宜蘭餅

這場牛舌餅之戰，是由宜蘭餅食品公司的老闆劉鐙徽所引發的。

老闆娘周舫仙說，她先生不是個守成的人，腦子裡一直

哪裡買

玉津香

地址：彰化縣鹿港鎮民生路30號
電話：（04）774-6031
價格：七彩牛舌餅80元／包（10入）

改良傳統牛舌餅做法，獨家創新山藥、草莓、黑糖、咖啡、抹茶、檸檬、古早味等七種口味，深受年輕人喜愛。

明豐珍

地址：彰化縣鹿港鎮海浴路843號
電話：（04）774-2197
價格：100元／包（10入）

這是家以手工製作牛舌餅的糕餅店，皮酥餡軟的好吃口感，讓它在網路上享有不小名氣，假日時常供不應求，星期日公休。

老元香餅店

本行／宜蘭市康樂路158號
（03）932-4370
長房老元香／
宜蘭市神農路二段87號
（03）932-3595
正老元香／
宜蘭市和睦路77號
（03）932-5855
價格：60元／包

老元香的創始老店位於康樂路上；「長房老元香」是由第三代長子黃進財所出去開設，餅身略厚。

宜蘭餅食品公司

地址：宜蘭縣羅東鎮純精路二段130號
電話：（03）954-9881
價格：35~40元／包

前身為鏈鎂西點麵包，因研發「超薄牛舌餅」成功而更名，改走地方特產名店。在牛舌餅系列產品中，有軟有硬、有厚有薄，其中超薄牛舌餅已開發出九種口味。

在想新東西；有感於宜蘭缺乏像台中太陽餅那樣具有代表性的糕餅，開始思考如何自創宜蘭品牌。他發現宜蘭的牛舌餅雖然具有地方品牌的知名度，但口感過硬，於是花了半年的研發時間，徹底讓傳統的牛舌餅改頭換面。

「其間遇到的最大困難，就在於天氣的變化。像是冬天氣溫低會使麵團變硬、餡料和不開；還有要擀到那麼薄，容易在餅皮上出現小氣泡，影響口感及外觀，所以必須調整鐵盤厚度，以減少空氣穿透。」

這項薄得像紙、厚度只有零點一公分的超薄牛舌餅，完全顛覆了傳統脆硬的口感，除了講究手工獨特的擀功，更以鮮奶油取代豬油，融入低糖的健康概念，加上精緻的包裝，因此一推出旋即造成話題，成為宜蘭名產的新代表。口味也十分多樣化，在最早的鮮奶薄餅之外，陸續推出乳酪、楓糖、椰香、竹炭、咖啡等；並開發加入三星蔥的新產品，而將香椿、海苔等系列更名為「綠薄餅」。

由於超薄牛舌餅的成功，讓宜蘭的牛舌餅之爭更加白熱化，坊間爭相模仿，幾乎家家都有厚薄兩款。雖然對我來說，薄薄的一片一下子就吃完了，似乎有點意猶未盡，但時值三歲的小女兒可是獨愛這款，一片接著一片……

鹹光餅

一個個簡單平凡的鹹光餅，在廟會上散播著賜福保平安的幸福感，讓我對它的印象跳脫一般食物的範疇，而更能細細咀嚼其中的文化意味，一如它在口中慢慢擴散開的淡淡麵香！

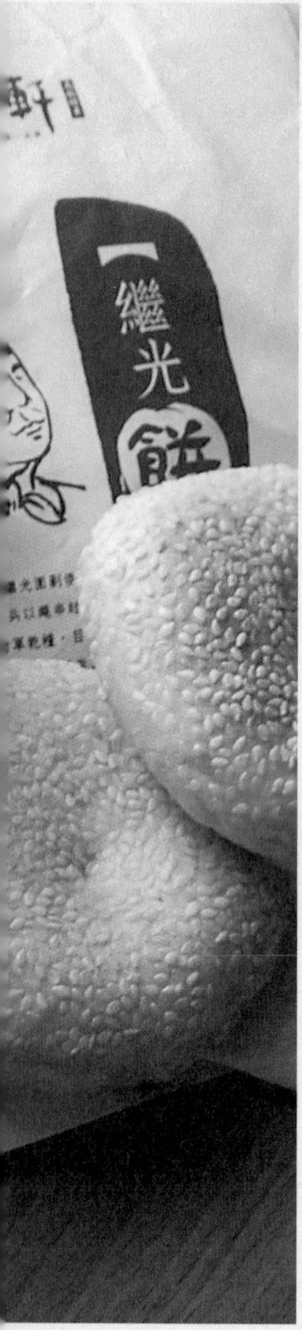

鹹光餅是常見的休閒餅食，相傳是由明朝戚繼光大將軍所發明，作為士兵隨身攜帶的軍糧，又稱「繼光餅」。造型與甜甜圈類似，中間有圓孔，方便士兵以繩串掛於胸前。傳統做法是將麵粉加上鹽巴揉成麵團，再捏成中間有孔的圓形餅塊，灑上芝麻後，貼在壁爐上烘烤；雖然材料簡單，不過就是麵粉、鹽與少許芝麻（現在有些會加入鮮奶、奶油），但要做得鹹香好吃、蓬鬆有咬勁，還是有其講究之處——麵粉要自然發酵，和麵的技巧也不能馬虎。

馬祖漢堡　專治暈船？

一般人都將鹹光餅視為零食點心，但在離島馬祖地區卻將之視為招待外地人的佳餚，把餅從中切開、夾菜食用的特殊方式，讓它素來享有「馬祖漢堡」之稱。這一點，若非親自體驗，恐怕很難理解平凡的鹹光餅竟能登上飯桌，成為美食要角；有一回在當地吃到鹹光餅夾蚵仔蛋，至今仍讓我這個台北人回味無窮。此外，馬祖人還流傳「吃鹹光餅可防暈

馬祖寶利軒的「繼光餅」，
口感有如貝果一樣扎實，且
有濃濃的炭烤香味。

灑滿芝麻的鹹光餅從中切開，夾入荷包蛋，渾然就是本土版「貝果」再現。

印上新莊地藏庵「文武大眾爺」朱印的鹹光餅，才具有「平安餅」的效力。

船」一說，因此許多阿兵哥在搭「台馬輪」前總要買幾個來吃吃；其實，這是因為鹹光餅味道清淡，當乾糧吃不易嘔吐，並不是真有什麼特殊的功效。

換個時間場景，到了每年農曆五月初一，印上新莊地藏庵「文武大眾爺」朱印的鹹光餅，則又搖身一變成為神明勒點過的「平安餅」。

這些原是廟會陣頭扮將們遶境時的隨身乾糧，更是北台灣官將首團以及八將團等身上的重要配件，由於民間相傳佩帶在官將首脖子、腰間或武器上的鹹光餅最為靈驗，信眾因而紛紛上前搶食，俗稱「打八將」，後來演變成由主祀者或信眾自己買來拜拜，再分給大家吃，以祈求平安，據說老人家吃了可保身體安康；不好養的小孩可以增添福分、更加乖巧。

最夯祭品 新莊廟會破萬斤

為了恭迎一年一度的盛會，祭典當天一早八點半，我就來到地藏庵，雖然還不到萬頭攢動的地步，但已有不少香客提著鹹光餅來此祭拜，隨著一陣陣鞭炮聲響起，就知道好戲即將登場。官將首陣頭是整個廟會活動的重

新莊地藏庵大眾爺遶境

創建於清乾隆22年（1757）的地藏庵，是新北市新莊地區最大的廟宇之一，又稱大眾廟，主祀地藏王菩薩、文武大眾爺。在新莊人的信仰中，文武大眾爺有如司法神城隍爺般，具有賞善罰惡的功能，被認為是管理陰間的鬼王。每年農曆五月初一，是新莊大眾爺的平安祈福祭日，也是一年一度的「新莊大拜拜」，當天會舉行盛大的遶境，沿路分發鹹光餅及平安符，前一天並有驅鬼的「暗訪」活動。其盛況之大，可說與先嗇宮的三重大拜拜（新北市三重區先嗇宮神農大帝祭典）齊名。

在每年新莊大拜拜的遶境活動中，「官將首」扮演著重要的角色，相傳這是新莊地藏庵所發展出來的陣頭，早期僅有三人，即帶領出軍、收軍的「陰陽司」，及「增將軍」與「損將軍」。之後為了演出美觀等因素，陣容漸漸擴大，加入了引路童子與虎將軍，有的甚至還多了差役、范謝將軍，種種不同的組合與變化，而增加到今日常見的五、六人。

「官將首」的扮相者在廟會舉行前幾日必須先行齋戒、不食葷食，以表誠心，然後在出陣當天個個面畫臉譜、身掛鹹光餅、腳穿草鞋，手持三叉戟、手銬、虎頭鍘等刑具；從造型到陣式，都帶有民間信仰神秘華麗的特色，可說極具觀賞價值。

1. 虎將軍的身上掛有「餅頭」。
2. 新莊地藏庵為新莊地區最大的廟宇之一。
3. 民間流傳掛在官將首脖子、腰間、武器上的鹹光餅最為靈驗。
4. 一串串掛於虎頭鍘的鹹光餅，成了新莊祭典最醒目的焦點。
5. 民眾常討食鹹光餅，以祈求平安、添福祉。

鹹光餅因價格便宜，民眾經常整袋整袋買來祭拜。

台北大稻埕的霞海城隍祭典，「報馬仔」身上掛有一整串的鹹光餅。

頭戲，他們不只胸前掛了一個大鹹光餅，手上的虎頭鍘更掛上一串串小鹹光餅；而跟隨在後的每位「香腳」，也以布袋提著一包包的鹹光餅。這麼多鹹光餅出現在廟會上，我還是第一次見到。

目前除了新莊地藏庵迎文武大眾爺誕辰外，農曆五月十三日的大稻埕霞海城隍祭典、十月二十三日艋舺迎青山王誕辰、三月大龍峒保生文化季，都可見分送鹹光餅的情形，不過還是以新莊地區最為盛行。據初步估算，每年新莊地區為恭迎廟會盛典，各家餅店所製作的鹹光餅，合計超過一萬斤；當中有的是官將首團自行訂製，也有信眾發願捐獻，更有不少新莊的里長、陣頭、廟宇大量採購，分送民眾以分享福氣。

官將胸前掛　賜福保平安

新莊在地老字號「老順香餅店」的老闆王明朝說：「因為鹹光餅很便宜，一斤只要七十元，所以採購是以『袋』來計算，一袋為五斤，誰都吃得起。」此外，他也提到鹹光餅現已發展出大、中、小三種尺寸。大的鹹光餅約二斤重，掛在神將如范、謝將軍身上，當成胸前的

護心鏡；中的為「餅頭」，開光後給官將攜帶，每人兩塊，每塊約有半斤重，不可以給人；小的一斤約有二十個，分送給民眾保平安。

就在新莊大拜拜的這一天，我見識到璀璨的鹹光餅文化，不論是虎頭鍘頸上、官將胸前懸掛、抑或是香腳手提的包袱，都成了慶典中最顯眼的裝飾。對我而言，吃了是否真能保平安已不是那麼緊要，重要的是那種分享的幸福感，讓我對鹹光餅的印象，已跳脫了一般食物的範疇，而從中體會出濃濃的文化意味！

哪裡買

老順香餅店

地址：新北市新莊區新莊路341號
電話：（02）2992-1639
價格：小35元／袋（9入），中10元／個，
大40元／個

創立於日治時代，為新莊最老的餅店。早期店址位於廣福宮旁的小巷內，後遷至老街，現已傳至第四代王明朝老闆，店內製作的鹹光餅是新莊每年地藏庵大拜拜不可缺少的祭品，而古早味的糕仔、紅龜、壽桃等也是其基本產品，客源不限新莊地區。由於沒有網頁，老順香的好口味都是透過口耳相傳，散播到全台、甚至海外當伴手禮。

十字軒餅店

地址：台北市延平北路二段68號
電話：（02）2558-0989
價格：40元／包（10入）

創立於日治昭和5年（1930），歷經80年光景而不衰，為見證大稻埕地區興衰的重要餅店，產品種類多元，不論拜拜、過年、結婚或送禮皆一應俱全；每年大稻埕霞海城隍祭典所用的鹹光餅，多為十字軒所出品。

寶利軒食品

地址：馬祖南竿鄉介壽村96號
電話：（0836）22128
價格：20元／個

全馬祖唯一做鹹光餅的店家，仍然保留手工木炭烘烤的方式製餅，不僅擁有香濃的炭烤風味，且正面灑滿白芝麻，口感扎實似貝果，每日限量200個。購物袋上還附有食譜，教你怎麼和料理結合。

老順香餅店

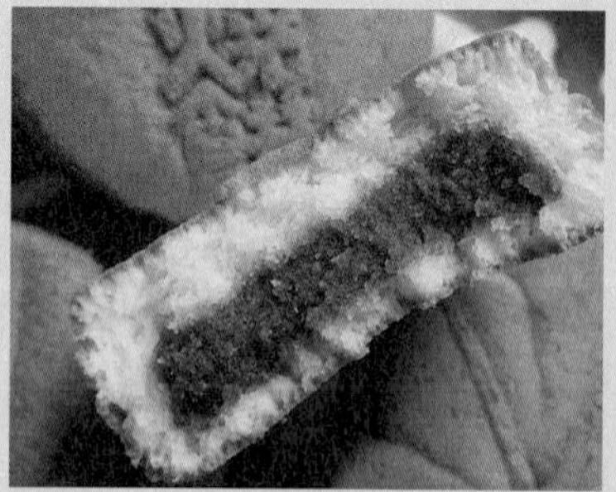

GOLD KUMQUAT

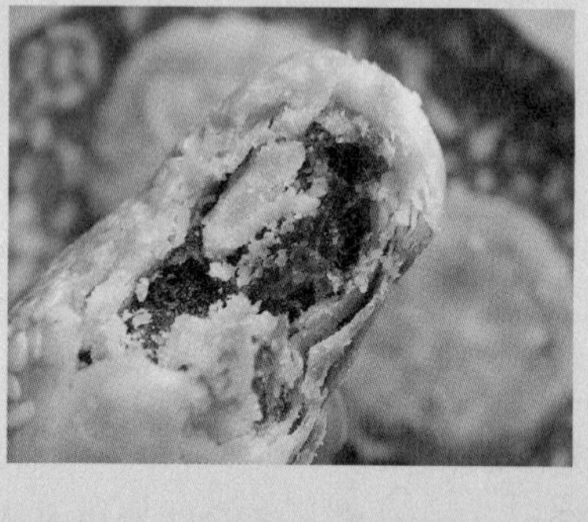

地方特色餅

隨著社會變遷、飲食習慣的改變，糕餅也與時俱進，滿足大眾多方的需求。走訪台灣各地，我除了尋味歷史悠久的古早餅外，也驚豔於那些運用在地文化特色或農特產品，所推出的該地專屬餅食。這些新餅食可說是「被發明的傳統」，帶著一鄉一特色的鮮明文化印記，成為觀光客到此一遊的伴手禮；以在地的農特產品入餡，也間接帶動了周邊產業的興盛。

被稱為「飯店教父」的嚴長壽先生在《我所看見的未來》一書提到：「台灣文化具有許多感動人的元素，只要我們懂得包裝、懂得詮釋。」希望大家在品嚐這些地方特色餅的同時，也能夠體會每種餅食背後，餅家、師傅認真執著又勇於創新的精神，而在下次到此一遊時，能因著這些舌尖上的美好滋味而流連再三……

墨條酥

品嚐墨條酥是一種很微妙的舌尖體驗，因為那黑黝黝的長條形外觀，實在很難不讓人覺得自己是在咬食一塊墨條，但一入口，濃郁的香氣馬上又將人拉回熟悉的鳳梨酥滋味，然後越吃越想吃……

墨條酥選用有健康概念的竹炭粉，因此從裡到外都是一身黑。

在我印象中，台北市就像個大熔爐，不難找到外來移民引進的各地餅食，卻似乎缺乏自己鮮明的特色，想買個糕餅送外縣市親友，每每苦惱於找不出具代表性的伴手禮；即使這幾年官方、民間一直主推鳳梨酥，我仍覺得台北意象稍嫌不足，直到認識代表孔廟精神的「墨條酥」

黑得徹底 體現文化創意

墨是古代文房四寶之一，鄰近台北孔廟的維格餅家以此為靈感，將墨條變身為可以品嚐的糕餅，並榮登「二〇〇八台北市伴手禮」必買的名品，是極受矚目的人氣糕點。

相當富有活力及創意的維格，擁有二十多年餅藝歷史，多年來堅持選用最新鮮、最好的原料，才有機會與老鋪分庭抗禮，躋身烘焙名店之一。其中墨條酥就是發揮在地精神所研發出來的特色商品；拿它與真的墨條相比對，幾可亂真，讓人不由得大大讚揚師傅製餅的功力。我想，精緻糕餅的最高境界，除了味美健康之外，還必須兼具美觀與創意，以緊緊吸引消費者的目光。

其實，墨條酥的開發還有一段小故事。它的前身叫「黑鑽鳳梨酥」，是二〇〇六年維格參加台北市鳳梨酥比賽的創意產品，以墨魚粉著色，外再灑上金粉做成。「後來因反覆思考產品的定位應與地方文化結合，而我們與孔廟比鄰，身處一個深富文化氣息的地方，那何不做成文房四

墨條酥長10公分、寬2公分，像極了文房四寶之一的
墨條，象徵著孔廟濃厚的教育文化特色。

哪裡買

維格餅家

酒泉門市／台北市酒泉街76號
（02）2599-7533

承德旗艦店／
台北市承德路三段27號
（02）2586-3816

高雄門市／
高雄市鼓山區美術東二路5號
（07）550-3916

價格：墨條酥400元／盒（6入）；
力士餅已停止生產。

承德旗艦店

寶中的墨條？剛好衛生局通過竹炭食品的使用，因此在既有的鳳梨酥基礎下，加上竹炭粉研發而成。」

黑得有理　健康美味兼具

總經理李振榮強調，墨條酥在內餡方面保留了原有鳳梨甘甜的滋味與纖維的口感，餅皮則採用日本進口的頂級「竹炭粉」來製作，而形成如墨條一般的黑色外觀；不過因為竹炭粉會吸水，所以在製作上加入較多的乳脂，難怪比起原味鳳梨酥還多了十足的奶香味。

現代人買東西講究有故事、高品質和重包裝，「由於我堅持以進口的竹炭來製作，一盒墨條酥的售價才會居高不下，不過，我賣的是一種藝術、一種文化。」李振榮指出以竹炭粉來取代墨魚粉，不僅少了原本的腥味，具有健康概念，再加上濃厚文化氣息的加持，讓墨條酥成了一項極具特色的台北伴手禮，也是饋贈辛勤工作的老師的絕佳禮品。

為了烘托墨條酥的珍貴與不凡，包裝上採落落大方的硬式紅黑禮盒設計，並印上台北孔廟圖案，散發出知性優雅的雍容氣質。而品嚐墨條酥是一種很微妙的舌尖體驗，因為那黑黝黝的長條形外觀，實在很難不讓人覺得自己是在咬食一塊墨條，但一入口，濃郁的香氣馬上又將人拉回熟悉的鳳梨酥滋味，然後越吃就越想吃……

力士餅

維格餅家不僅緊鄰孔廟，與大龍峒保安宮也只有幾步之遙，因此既有專為前者量身打造的墨條酥，當然也有針對後者所推出的特殊餅食——「力士餅」。不過，墨條酥聽起來清楚易懂，也與日常生活親近的多，但什麼是「力士餅」？可能就不大有人知道。

原來保安宮以保生大帝為主祀的神明會，就叫做「力士會」，這是早期地方信眾為感念保生大帝的神威所發願效力行善的組織，而維格因有感於力士會成員的感恩之心，於是研發出用松子、核桃、杏仁片等多種堅果及新鮮海苔、起士所製成的餅，以象徵其協心合力的精神。

力士餅個頭嬌小，寬約4.5公分、高約3公分，但內含的餡料種類可不少，因此增加製餅時的困難度；對半切開，可見滿滿扎實的內餡，但因餅餡容易鬆開散落，並不是很好就口。據總經理李振榮表示，儘管不是維格的主力商品，力士餅的滋味卻是讓人一吃就難忘，因為裡頭含有其他餅食所沒有的海苔，鹹鹹的海洋風味與香脆的堅果十分「速配」。

在了解力士餅背後的文化緣由、實際品嚐過它的料多味美後，對於這小小一顆餅的豐富「內涵」，我有了更深刻的感受，也就不再訝異於它乍看偏高的售價。反倒是想買力士餅的人，會希望落空，因為現在已經停產了，只能在圖片中回味……

淡水 牛肉酥

當傳統中式漢餅遇上味道強烈的西式料理，就像是包容異國文化的淡水小鎮一樣，是那麼地自然諧和，絲毫不感衝突，且激盪出鮮豔華麗的色澤與出人意表的口感；這正是餅鋪老闆所要傳遞的「在地味」。

牛肉酥口味甜中帶鹹，適合與熱茶一起搭配食用。

提到淡水，許多人會聯想到浪漫的落日餘暉，這是台北人欣賞夕陽的好去處；此外，淡水位居河口，與異國文化接觸甚早，十七世紀西班牙人、荷蘭人先後占據北台灣時，淡水已被視為重要軍事據點，十九世紀中葉又是台灣最早開港的通商口岸之一，因此西、荷、英、日等國都曾在此處留下足跡，紅毛城、英國領事館官邸、小白宮等洋風建築也成為熱門的古蹟景點。

而在這中西合璧的氛圍下，位於最熱鬧中正老街上的「三協成」，就是一家結合傳統與異國風味的餅店，吸引著絡繹不絕的觀光客。

揉入紅椒粉　揉入異國風味

「淡水自古就充滿異國風情，客家人、漢人、洋人中西雜處，因此三協成在產品的規劃上也綜合『異國情調』，有西式的牛肉酥餅，中式的冬瓜肉餅、鹹糕仔及各式糕類，才算跟得上『混搭』風的潮流。」第二代老闆李志仁可說是三協成的靈魂人物，不僅會說英、日、法、德四種外語，還懂得充分利用在地特色，創造獨樹一幟的餅店風格。

其中以牛肉酥最具代表性。它的發想來自於匈牙利紅燴燉牛肉這道料理，內餡主要為牛肉、紅蘿蔔、馬鈴薯、番茄、豆沙、綠茶粉以及迷迭香、紅椒粉等辛香料所結合，外皮再搭配傳統油酥餅皮而製成。李志仁老闆強調：「牛肉酥紅通通的外皮，是因為加了紅椒粉Paprika的緣故

一切開，墨綠的內餡與橘紅的外皮，形成強烈的色彩對比，這種中西合璧的滋味，只有在淡水才吃得到。

；紅椒粉是匈牙利菜最主要的調味料，口感並不辛辣，摻入食物中，能帶來非常好的效果。」

一切開，裡頭的內餡因含有綠茶粉，所以呈現墨綠的色澤，與橘紅色的餅皮形成漂亮的對比色彩；再注意看，內餡當中還夾著一道紅色的牛肉醬，這也是整個餅濃郁的牛肉香氣來源。

當傳統的中式漢餅遇上味道強烈的西式料理，就像是包容異國文化的淡水小鎮一樣，是那麼地自然諧和，絲毫不感衝突，並且激盪出鮮豔華麗的色澤與出人意表的口感；我想，這正是老闆所要傳遞的，而我與無數來客也感受到了，因此這款巧妙融合東西的牛肉酥正如其搶眼的樣貌，銷售一路長紅，廣受喜歡嚐鮮的朋友歡迎。

哪裡買

三協成餅鋪
地址：新北市淡水區中正路81號
電話：（02）2621-2177
價格： 180元／盒（6入）

老闆李志仁是整家店的靈魂人物。

北埔擂茶餅

喝一碗香濃可口的「擂茶」，感受客家人待客的盛情；來一塊滋補養生的「擂茶餅」——充滿堅果香的酥脆爽口或扎實耐嚼，就從舌尖開始體會客家庄的人文精神與地方特色吧！

北埔擂茶餅有兩種不同形式的做法。

記得十多年前來到北埔小鎮，經常吃到的是熱騰騰的番薯餅，曾幾何時，又多了「擂茶餅」這一味。

擂茶，原是客家人招待賓客的傳統茶飲，現今「到北埔來擂茶」，已成了這個客家小鎮最熱門的活動，擂茶店滿街林立。有此光景，據北埔農會表示，是從一九九八年推動一系列的產業文化活動開始。

我個人認為擂茶其實是件頗為累人的事，「擂」即研磨之意，做法是將綠茶茶葉放入陶土燒成的「擂缽」中，以「擂棍」研磨，接著放入芝麻、花生、南瓜子等雜糧堅果研磨成粉，再沖入沸水調勻，最後加上米仔（指經蒸、晒、炒等過程的米）即可飲用，前前後後約需費時十五分鐘以上。不過，為了喝一碗能充飢、解渴，又符合「三高」——高鈣、高鐵、高纖，營養滿分的擂茶，不妨把整個過程當成一種健身運動，也更能體會客家人的待客心意。

近似桃酥的口感、外形

在麵粉中摻入擂茶原料所製成的擂茶餅，不僅是茶食點心，也同樣具有滋補養生的功效。

「擂茶餅，是我公公張宗文於二〇〇〇年所研發，為全台第一家。」隆源餅行大媳婦邱如君說，雖然隆源餅行的番薯餅已經遠近馳名，但地方意象還不夠鮮明，其他佐茶的點心也顯得較尋常一般而不具特色，張

以多種堅果類混合製成的擂茶餅，
含有豐富的植物性蛋白質，可以增
強體力及提高自身免疫能力。

隆源餅行是北埔擂茶餅的創始店，
口感近似桃酥，相當酥脆。

內餡堅果包含核桃、腰果、花生等，更添養生功能。

新合春的擂茶餅是以竹塹餅為外形，餅皮摻入綠茶，所以具有淡淡的綠色。

宗文有感於北埔擂茶風氣之盛，且擂茶口味可甜可鹹，又能表現客家文化，於是開始動手試做擂茶餅。「在既有的烘焙基礎下，擂茶餅很快就研發出來，而為了讓口感更豐富，我還加入其他堅果類以增加香氣。」張宗文細心補充說明，這是純素食的餅，不含蛋及豬油。

外形、口感與桃酥類似的擂茶餅，成分包括綠茶粉、黑白兩種芝麻、松子、南瓜子、杏仁等，張宗文表示不論消費者對這口味的評價如何，來到北埔喝茶配上擂茶餅，多少也能體會客家庄的人文精神與地方特色，這就夠了！

貌似竹塹餅的養生素餅

除了有像桃酥口感的做法外，北埔擂茶餅也有像竹塹餅的做法；這是另一家老餅店「新合春」的作品。

新合春位於北埔街上，地理位置略偏離熱鬧的慈天宮一帶，一般遊客多半過而不停。老闆蔡韋郎提到，他看到別家推出的擂茶餅像餅乾一樣，而不是「餅」，於是在二〇〇二年動手改良，以客家竹塹餅為雛形，但內餡採用芝麻、花生、杏仁、腰果、核桃等多種堅果，餅皮

嘉賓的擂茶餅口感恰到好處。

則加入綠茶，吃起來口感相當扎實。

新合春的店面沒有華麗的裝潢，產品也無漂亮包裝，只簡單用透明塑膠袋裝起，不過老闆很自豪的說：「我的餅放久一點也不會軟掉！」果真，買回家之後，我那裝滿假牙的公公無法入口，倒是吃素的婆婆讚不絕口，因為對她來說這種口味的擂茶餅就等於是素食的新竹肉餅，讓她懷念不已！

可惜的是，二〇一五年一月再度造訪時，新合春已緊閉大門、停止營業，像竹塹餅一樣口感的擂茶餅，只能在記憶中回味了。

擂茶的由來

坊間關於擂茶的由來，大多相傳是三國時代張飛帶兵攻打武陵，將士因感染瘟疫而無力作戰，所幸得到一位草藥名醫以生茶、生薑、生米等研磨後烹煮而飲，結果藥到病除，「擂茶」因此流傳開來。又因包含生茶、生薑、生米，所以擂茶又名「三生湯」。目前在東南亞以及中國大陸等地的客家人，都還留有喝擂茶的習慣，而台灣則以桃園、新竹、美濃一帶的客家庄最為盛行。據推測，可能是擂茶的原料輕巧、易攜帶，因而隨著客家人的遷徙、發展成一種特殊的飲食。

早期擂茶多是鹹的，客家人除了直接飲用之外，還拿來泡飯吃，或加入炒熟的青菜、醃蘿蔔等一起食用。

哪裡買

隆源餅行

北埔總店／新竹縣北埔鄉中正路16號
（03）580-2337

南興分店／新竹縣北埔鄉南興街96號之一
（慈天宮前）（03）580-5501

價格：200元／盒（10入）

嘉賓食品行

地址：新竹縣北埔鄉北埔街29號

電話：（03）580-2611

價格： 120元／包（10入）

三義

木彫餅．木頭餅

無論是精緻小巧、口味多樣的木彫餅，或是維妙維肖、口感扎實的木頭餅，都吸引了我，感動了我，因為吃得出來他們對於三義的愛，全蘊藏在這一塊塊餅中……

製作木彫餅的木模。

每次經過苗栗三義這個小山城，總是讓我有無限的想像：不光是她素有「木彫城」的美名，還有經常煙雨濛濛的天氣、浪漫的「五月雪」，以及台鐵最高的勝興車站等……

不過，我始終是抱著過客的心境來看三義，來去匆忙，不像世奇餅店的老闆蔡永賜從此落地生根，甚至配合當地的木彫藝術，研發出極富地方特色的「木彫餅」，成為三義膾炙人口的伴手禮。

木紋入餅 異地打拼創新局

「木彫餅」，指表皮具有木頭紋路的餅，長約六公分，寬約二公分，內餡口味分有六種，為蔡永賜老闆於一九九八年的作品。說起當初研發的動機，則隱含著異鄉辛苦奮鬥的心路歷程：

「我們本來在后里做西點麵包，光麵包車就有十幾台，二十年前，我老公因喜歡上三義的純樸，覺得這裡好美而來開店。但我們是閩南人，起初來到客家村語言完全不通，相當辛苦，直到十年前，才想到與木彫之鄉的美名相結合，讓來這裡的客人除了買木彫作品之外，也可以把我們的糕餅帶回去。」

樂觀開朗的老闆娘徐雪玉表示，最初是想做木彫麵包，但因麵包不耐存放，無法當成點心伴手禮，所以就轉了個彎，把這個發想應用在傳統糕餅上。

世奇的產品與當地木彫文化緊緊結合，木彫餅與木頭餅都是代表作。

淡綠色的香蘭滷肉餡。

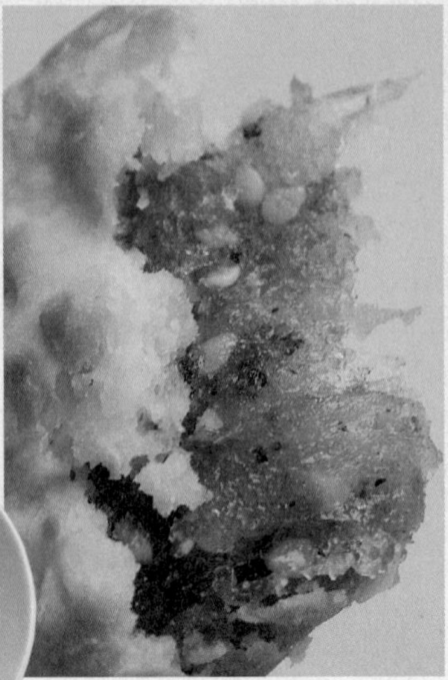

餅皮上印有小火車圖案的是擂茶口味的木彫餅。

木彫餅除了融入當地的產業特色外，也融入客家食材。（圖為雜糧口味）

藉地利之便，他們先請當地的彫刻師傅彫刻木模，六種紋路各代表六個不同的口味，再運用客家庄的飲食特色入餡，如紫蘇、金桔、擂茶等，想不到一炮而紅，成了三義的名產。

原木意象 造型口感盡淋漓

不過，來到異地打拚的蔡老闆並不因此而滿足。

「我老公是個很有想法的人，他一直在想除了木彫餅之外，還有什麼產品可以代表當地文化。於是二〇〇五年為配合三義木彫節的活動，我們又開發了木頭餅。」口感香甜的木頭餅質地較硬，不僅可以吃，也可以彫刻，屬於西點麵包的做法。

可別小看這塊平凡無奇的木頭餅，徐雪玉指出，為了做出栩栩如生的木頭質地及紋路，前後必須以手工完成三道工序。首先是麵團攪好後擀平，鋪上紅豆，捲起來烘烤；其中紅豆已事先加入牛奶一起煮熟，麵團黃色的部分則是加了紅蘿蔔汁。烤完之後則進行第二道的整形手續，加上一個個同樣用麵團做出的樹瘤；最後再包上餅皮，送進烤箱烘焙。

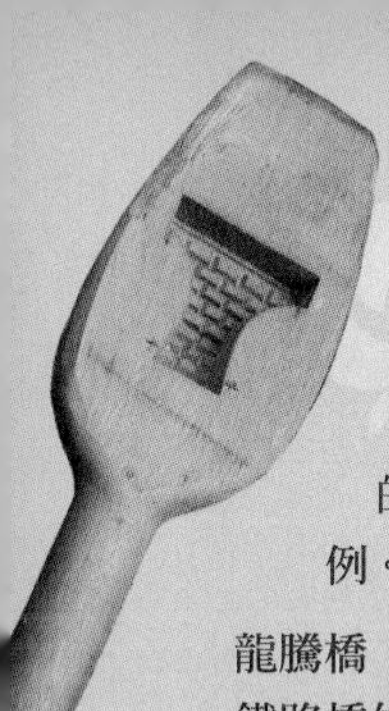

龍騰斷橋餅．桐花餅

除了有展現產業特色的木彫餅、木頭餅等外，世奇也從當地的名勝古蹟中汲取創作餅食的靈感，如「龍騰斷橋餅」即是一例。

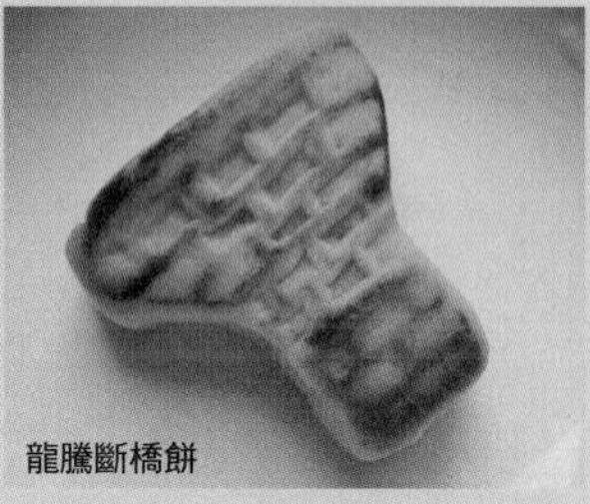
龍騰斷橋餅

桐花餅

龍騰橋（舊稱「魚藤坪橋」）是日本人於1905年所建，當時這座磚拱鐵路橋位處縱貫線（舊山線）地勢最陡峻、施工最困難的路段，因此曾有「台灣鐵路藝術極品」之美譽，卻不幸於1935年大地震中震毀；為紀念這座具有特殊歷史及文化意義的橋，世奇取殘存的拱形橋墩作為餅的外形，內餡佐以地瓜，象徵族群融合的意涵。

此外，五月的三義，油桐花開像似靄靄白雪妝點著山頭，為配合客家桐花節的活動，世奇推出了「桐花餅」。質地酥鬆的橙黃外皮印有油桐花紋樣，誘人的黃綠內餡，取自乳酪與香蘭的清新醇香，呼應了花蕊與葉片的植物印象；一口咬下的瞬間散屑掉落，宛如紛飛飄零的五月雪一般。

從側面看，一圈圈的紅豆餡代表樹的年輪；至於餅皮上的樹幹紋路，則是由師傅一刀刀畫出來的，所以徐雪玉驕傲的說：「我們每一隻木頭餅的紋路都不相同。」可說將原木意象表達得淋漓盡致，為糕餅藝術的極致表現。

世奇的產品讓我感動，因為吃得出來他們對三義的愛，都蘊藏在一塊塊餅中，不論是香蘭滷肉或是金桔芋，獨特的好滋味更讓味蕾一一醒了過來。

如今，世奇已從一介外來客，蛻變成在地伴手禮名店；很多茶道老師也會特地來此選餅，當成茶點使用，「例如東方美人茶就要配桐花餅、紫蘇餅或是擂茶餅，如果是吃綠豆椪就要配烏龍茶。」茶道專家們的說法，無疑代表著對他們的肯定。

哪裡買

世奇餅店

總店／苗栗縣三義鄉中正路147-8號（037）874-988

名產店／苗栗縣三義鄉水美路156號（037）879-988

館前店／苗栗縣三義鄉廣生新城56號（037）878-869

勝興店／苗栗縣三義勝興火車站旁（037）870-969

價格：木彫餅200元／10入；木頭餅290元／支；龍騰斷橋餅230元／10入；桐花餅（大）360元／12入

老闆娘徐雪玉

名產店

柿柿甜蜜

這是一次讓柿子變身的華麗冒險，不僅名稱窩心、討喜，滋味更是雅緻甜美；外皮爽脆而裡頭Q軟的一整顆「柿果」，含藏著香甜綿密的紅豆及柔軟度絕佳的麻糬，讓人驚豔，也讓人難以抵擋它的魅力。

柿子含有豐富的營養素，其中「錳」是一般水果較少有的，對我們的骨骼、軟骨都有很大的助益。

當柿子紅了，也代表秋天來了，美好的意境令人心生期待。

我喜歡吃紅柿，尤其是當中QQ軟軟的果肉，口感十分特別；也喜歡柿子自然風乾後做成的柿餅，不僅是種有益身體健康的零食，把它剪成一小塊一小塊，也是很好的茶點。

不過，市面上還有一種叫做「柿柿甜蜜」的柿果點心，如同日本的「大福」，裡頭包有紅豆和麻糬，吃起來冰冰涼涼，甜而不膩；令人驚訝的是，包覆餡料的外皮不是麻糬，而是一整顆柿子，這種全新的絕妙組合，另類的舌尖感受，讓人吃過之後，就再也無法抗拒它的魅力。

客家媳婦的柿子變身實驗

既具吉祥味又有創意的「柿柿甜蜜」，光聽名稱，就覺得十分窩心，加上紅紅橘橘充滿喜氣的禮盒，是年節送禮很好的選擇。而這項點心的發想者，則是苗栗市製作卡通西點蛋糕的「金栗城」老闆娘林秀鳳，身為客家媳婦的她，基於對柿子的喜愛，以及對當地特產的認同，而開啟了這款點心的實驗。

「這是一條漫長的路，我一直在想如何將柿子帶進烘焙業。起初是把柿子包進西點裡，但因蛋糕質地軟綿，柿子卻Q而富有彈性，所以搭在一起的口感不佳。後來有一次去中國九寨溝，當地一位八十多歲的老先生告訴我，以前他吃的柿餅跟現在不一樣，好像有擠什麼東西進去，軟

吃「柿柿甜蜜」讓你
「事事甜蜜」！

芋柿果是新研發的口味。

加了紅豆及麻糬的柿果可說是台式口味的「大福」。

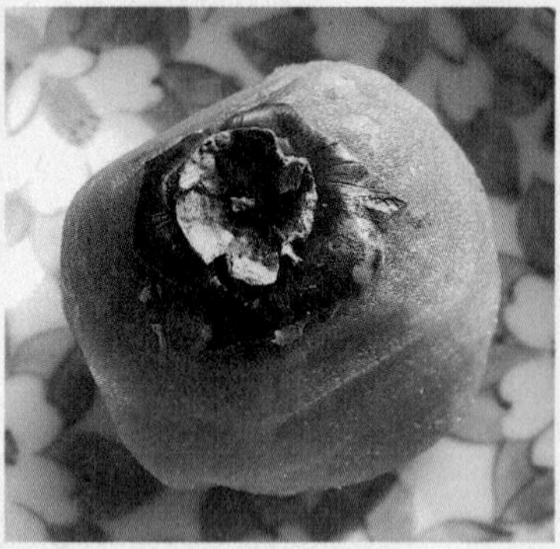

柿柿甜蜜的製作，必須挑選大小剛好的柿子。

軟的，很好吃。於是回來後，便與師傅一起發想。」

林秀鳳說柿餅大家從小看到大，並不稀奇，為了讓五到八年級生都能喜歡這實驗中的新口味，想到可以運用土生土長的農產品——紅豆，由於紅豆補血又能冷凍，所以請師傅試著和苗栗的麻糬結合在一起。不過，首先遇到的製作難題也就是麻糬，因為客家傳統麻糬一冰會變硬，冷藏壽命又不長，於是參考日本摻入洋菜、寒天、小米的做法，加以改良；如此不是百分之百糯米的原料，也比較不容易引起脹氣。

其次是柿子的品質。必須選擇大小適中的柿子，以一斤九顆左右最剛好，只用九降風微微吹過三、五天，就急速冷凍。林秀鳳強調：「我們的柿子跟苗栗林海明果農固定配合，再送到新埔一位七十多歲的老先生家裡加工，因為這完

哪裡買

金栗城食品
地址：苗栗縣苗栗市
至公路105號
電話：（037）353-088
價格：90元／顆，
680元／盒（8入）

老闆娘林秀鳳

全得憑藉豐富的經驗，如果製作的速度或氣候不對，柿餅就會黑黑的，賣相不佳，且處理不好也會咬舌頭。」

內藏玄機的台式「大福」誕生

製作方式必須先將柿子從冷凍庫取出，拿到冷藏退冰，再從柿子底部剪個十字，塞入紅豆泥、麻糬，然後稍微用點力道捏緊柿子；由於柿子晒得不是很乾，果肉還有一些厚度，所以會再黏合起來。之後經過包裝加工，放入冷藏庫冰鎮即大功告成。

整個製作過程保留住柿果細緻的甜美滋味及麻糬原本的Q度，吃起來的口感相當好，外皮爽脆而裡頭Q軟的柿子，搭配甜甜綿密的紅豆及少許麻糬，是一項很特殊的甜品。不但能滿足每一張挑剔的嘴，更可為健康加分，所以這道有特色的地方點心也得到行政院客家委員會的協助，免費製作禮盒包裝，讓「柿柿甜蜜」從外在一直甜到心坎裡。

受到「柿柿甜蜜」成功的鼓舞，繼柿果之後又推出「芋柿果」這項新作，做法一樣，只是將內餡的紅豆沙改成芋泥，所用的芋頭也是苗栗當地種植的。不過，兩者相比，我覺得芋泥似乎稍搶了柿子的香甜，還是以紅豆餡搭配的柿果味道最恰到好處！

苗栗 肚臍餅

這款造型、名稱都可愛別致的客家特色點心，據說最初的發想，源自於一群日本技師的鄉愁；在物資不豐裕的年代，那溢出薄薄餅皮的飽滿地瓜餡，成為客家庄孩童的最佳營養補給品。

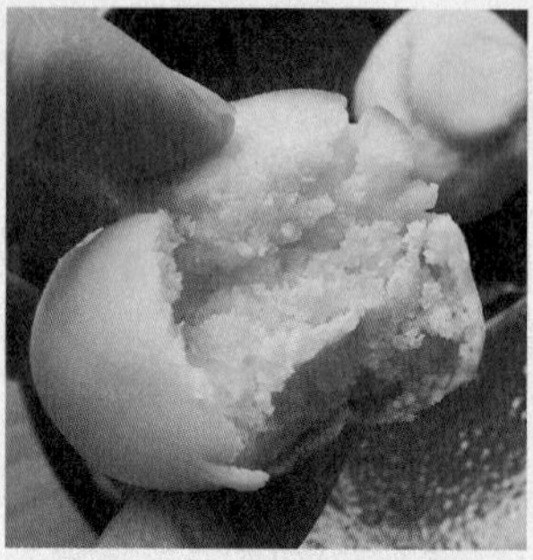

肚臍餅一咬開，薄薄的餅皮包覆著滿滿的內餡。

苗栗有樣很特別的點心，造型小巧可愛，餅裡頭的內餡凸起在外皮上，看起來與肚臍有幾分相像；由於肚臍有招財之意，能為人們帶來福氣，大家就以「肚臍餅」稱之。可是我覺得它的外形更像奶頭，不過，如果取做「奶頭餅」，恐怕有很多男士會不好意思吃吧！

關於「肚臍餅」的由來眾說紛紜，據說是日治時代一群在苗栗糖廠工作的日本技師，因思念家鄉的和菓子，於是請當地的糕餅師傅利用廉價的地瓜為餡，蒸熟後加進餅皮中所共同研發出來的。由於台灣早年物資缺乏，這款點心也被客家人當作補充兒童營養的食品，所以刻意做成類似奶頭或肚臍的形狀，以討小孩子歡心。

皮薄餡凸俏模樣　獨到捏功料新鮮

肚臍餅最初是以地瓜為主要食材，現今為了讓口感更好，有的改採綠豆沙、地瓜泥各半，也有純用綠豆沙來製作者。吃起來皮薄香Q，內餡飽滿，其低糖、少油的做法，成為現代人養生輕食的好選擇。

目前苗栗地區大約有十幾家餅店製作肚臍餅，以經營西點蛋糕二十年以上的「金栗城」為箇中翹楚，「我們的產品和別人相比，比較沒那麼

直徑約3.5公分的小肚臍餅。

肚臍餅造型小巧可愛，因餅餡凸起，看起來像是肚臍而得名，為苗栗客家地區的特色點心。

甜，且口感細，由於產品保鮮期限不長，所以無法在機場寄賣。」老闆娘林秀鳳指出，有三個要件決定肚臍餅好吃與否：第一原料要新鮮，第二皮要薄，第三要有獨到的「捏功」。「我們的做法是像在捏包子一樣，最後會留點餡，然後將皮與餡小心的結合在一起，進烤箱之後由於溫度的變化，內餡就會膨脹而起。不像中壢有家肚臍餅的做法是在餅皮上用剪刀剪個洞，外形上也不凸起。」

富有創意、勇於嘗試的「金栗城」，在原有的肚臍餅外，還新研發直徑約三點五公分的小肚臍餅，並加入抹茶、紅豆、巧克力以及現在最夯的紅麴，共五種口味，提供消費者更多樣的選擇。

哪裡買

金栗城食品
地址：苗栗縣苗栗市至公路105號
電話：（037）353-088
價格：肚臍餅120元／包（8入）
綜合小肚臍餅200元／包

世奇餅店（名產店）
地址：苗栗縣三義鄉水美路156號
電話：（037）879-988
價格：200元／盒（10入）

錦香餅鋪
地址：苗栗縣銅鑼鄉中正路94-1號
電話：（037）981-101
價格：150元／盒（10入）
位於銅鑼火車站對面的錦香，除了肚臍餅之外，近年來為配合每年11月的九湖村杭菊花季，特研發出杭菊搭配紅棗、枸杞、龍眼乾入餡的養生「杭菊餅」。

芋頭酥·台灣愛餅

一個想要扶助當地芋農的單純初衷，開啟了大甲「芋頭酥」的紫色玫瑰傳奇；一個想要鼓舞島上人民同舟共濟、互愛互信的浪漫情懷，催生了從外觀到內餡都流露濃濃台灣情味的「台灣愛餅」。

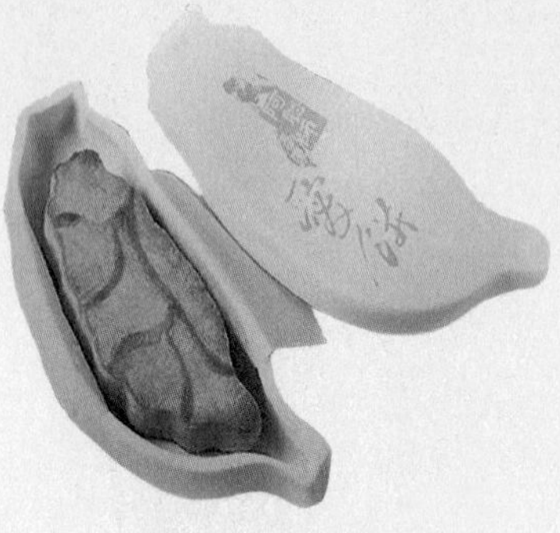

台灣愛餅取台語「愛拚才會贏」的諧音。

紫色，常給人一種高貴、神祕的印象；而擁有「紫色玫瑰」之稱的芋頭酥，正因它的浪漫傳奇，讓大甲鎮贏得了「芋頭故鄉」的美譽。

為了親身感受大甲的芋頭文化，我在鎮瀾宮媽祖起鑾遶境的那一天來到當地，領會宗教信仰的強大力量，也慕名買了一盒芋頭酥回家品嚐。

紫色玫瑰的浪漫傳奇

當我一踏進先麥食品的門市，旋即被一陣紫色夢幻所包圍，從門面、包裝到產品，以及服務人員的制服，都是一貫的紫色，非常直截呈現了先麥所要傳達的紫色理念。如同老闆吳生泉所說，要讓消費者認識你，一定要有意象極為鮮明的符號；所以紫色芋頭就等於先麥的代名詞，訴說著產品的故事與文化。

只是，產品會說故事固然動人，但消費者最在意的，還是東西好不好吃。

首先就外觀來看，芋頭酥上一圈圈淡紫色的紋路，像極了玫瑰花瓣，十分典雅而細緻；一切開，飽滿的芋頭餡映入眼簾，尤其讓我驚喜，「啊！餡好多，幾乎占了三分之二。」從剖面來看，僅最外頭小小一圈是層層薄酥的外皮，輕咬一口，濃純的芋頭香氣隨即撲鼻而來，鬆軟的內餡可說是餅中極品；更重要的是不會太甜膩，讓人完全沉浸在芋頭的豐潤滋味中。

芋頭酥強調絕不添加防腐劑，為了保持產品的新鮮度，都採取即時處理。

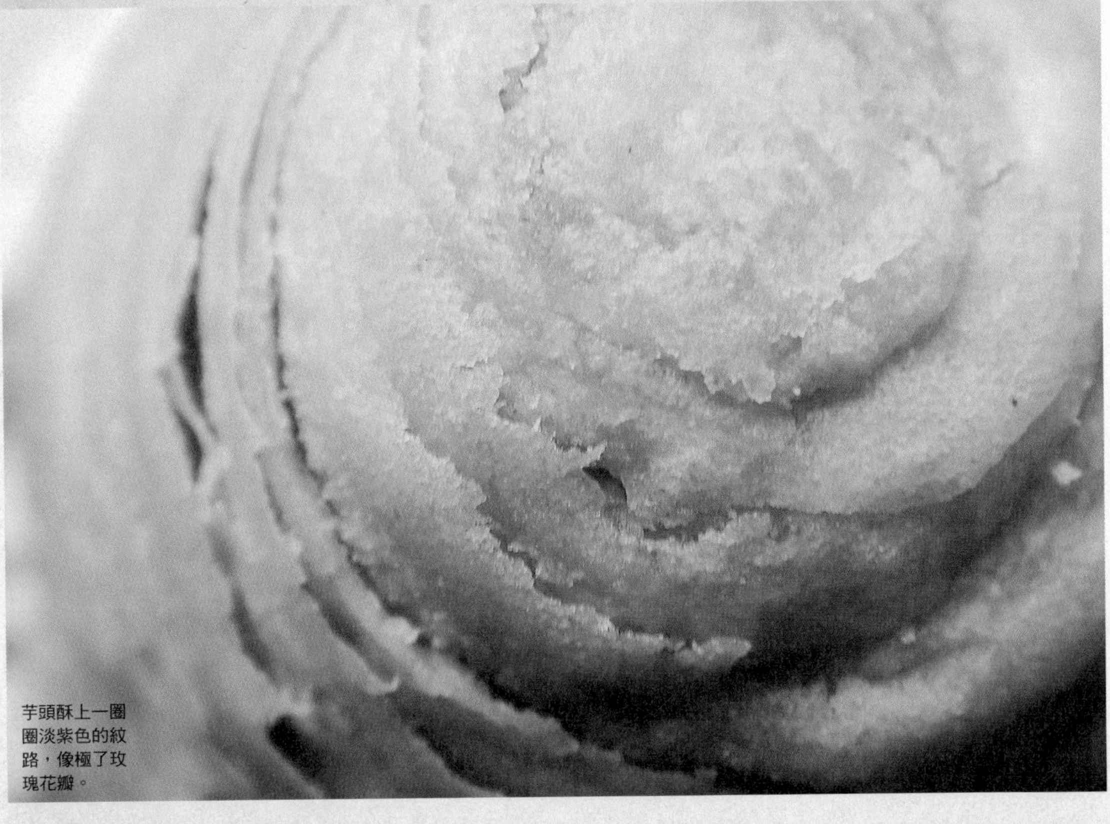

芋頭酥上一圈圈淡紫色的紋路，像極了玫瑰花瓣。

台灣愛餅從裡到外包裝都很有創意。

據說這是選用大甲最上等的「檳榔心芋」製成，且為確保品質完美，一顆芋頭只取其百分之四十至五十的精華部分製作，如此的不計成本，難怪口感特別鬆軟香滑，於二〇〇四年被指名為國宴點心。

以在地檳榔心芋入餡

芋頭酥是一九九八年由先麥老闆吳生泉的父親——阿聰師所研發出來的。有鑑於大甲芋頭豐收、價格卻大跌，不忍看到送來芋頭的親友總是眉心深鎖，於是阿聰師著手將芋頭融合進糕餅裡，「當初只是一個幫助芋農的想法，沒想到卻開創了大甲芋頭的另一個春天，也開啟了自己的事業。」就是這麼一個單純的念頭，芋頭酥誕生了。

大甲芋頭名聞全台，尤其是種植在廣大黑砂土田的「檳榔心芋」，品質可說居全台之冠，不僅個頭大、澱粉質高，口感更是鬆軟、香Q，以此做成的芋頭酥，風味當然格外不同。加上時值政府推動「一鄉鎮一特產」政策，在天時、地利、人和的相輔相成之下，芋頭酥成為家喻戶曉的糕餅，「回想起剛開始推芋頭酥的日子，一個十五元附送一杯咖啡，還乏人問津呢！」阿聰師笑著說，沒想到日後大家競相學習模仿，還刮起了一股風靡全台的紫色旋風。

哪裡買

阿聰師糕餅隨意館

文武總店／台中市大甲區文武路38號（04）2688-3677

廟后店／台中市大甲區鎮瀾街123號（04）2688-1366

廟口店／台中市大甲區蔣公路116號（04）2680-1366

秋紅谷店／台中市台灣大道三段630號（04）2451-0169

芋頭文化館／台中市大安區興安路168號（04）2671-3077

價格：芋頭酥240元／6入

先麥芋頭酥

大甲總店／台中市大甲區鎮瀾街140號（04）2676-2666

中港店／台中市西屯區台灣大道三段496號（04）2708-2268

台北忠孝永春店／台北市信義區忠孝東路五段368號（02）2345-0968

專櫃／台北車站微風百貨、國道三號清水服務區、高雄新光三越左營店

價格：芋頭酥228元／6入；台灣愛餅280元／8入

「愛餅」才會贏

隨著芋頭酥的熱賣，年輕一代的吳生泉開始積極地為產品寫故事。二〇〇五年三月為迎接大甲媽祖誕辰，推出台灣造型的「愛餅」，在限量紀念版內還附上與台灣陶藝家合作的象牙白陶盒，可說又一成功的結合在地節慶，不僅行銷了產品，也推廣了藝術。

一見到台灣愛餅，我就喜歡上它，因為它展現了高度創意。不單是外形很有台灣味，名稱取與台語「愛拚」諧音，意味「要拚才會贏」，也頗具巧思。內餡是鳳梨酸甜的滋味；至於最外頭的牛皮紙盒包裝，則像是一艘船，喻有同舟共濟之意，象徵台灣人民不分彼此共同打拚。整組產品，既藉由餅食賦予「愛台灣」的新意，也再度創造了話題。如果要送給外國朋友伴手禮，我想，台灣愛餅會是個貼切的選擇。

先麥的前身為「合味香食品店」，成立一九六七年，歷史未過半百，卻是一家很懂得運用在地文化、行銷地方產業的餅店，因而二〇〇三年入選經濟部工業局推廣之「創業生活產業」、「觀光工廠」及得到台中縣文化局「藝術之店」的殊榮；二〇〇九年獲台灣十五大伴手禮之一。遺憾的是，二〇一〇年先麥爆發父子經營權之爭，最後，父親吳聰朝另起爐灶成立阿聰師糕餅隨意館及阿聰師芋頭文化館；吳生泉則率領原製作團隊離開大甲，廠房遷至大雅區，從此芋頭酥一分為二。

麻芛太陽餅

麻芛，這個對我及許多人來說都全然陌生的名詞，卻是台中南屯一帶熟悉的家鄉味；為了延續這項特有的飲食文化，百年餅店把麻芛混合麥芽，做成入口清香回甘的另類太陽餅。

餅皮點個小紅點的麻芛太陽餅。

台中太陽餅是眾所周知的名產，裡頭多半包著乳白甜蜜的麥芽，不過還有一種綠色內餡的「麻芛太陽餅」，多了一股淡淡青草香，是到南屯林金生香餅行才吃得到的滋味。

「什麼是麻芛？」相信很多人跟我一樣，是第一次聽到這個名詞。「麻芛就是黃麻的嫩葉。栽種黃麻的主要用途，是取出纖維做成麻袋及麻繩，早期中部地區的居民常將尾部不要的芛葉，經過撿取、搓揉，加入小魚乾及地瓜煮成麻芛湯來吃，尤其是南屯更甚，作為夏日退火的清涼聖品。為了保留這項特有的飲食文化，開始了麻芛文化與產業的結合，我們的麻芛太陽餅就是其中一例。」

聽了餅店第四代陳富美的解釋，更引起我對這項產品的好奇。

古早鄉土食材　融入糕餅美味

根據學者的研究，人類食用麻芛湯已有三、四百年的歷史，日治時期日人為包裝米、糖運回日本，在台積極發展麻紡織工業，並在豐原成立「台灣製麻纖維株式會社」；使得黃麻的栽種面積在一九三九年達到高峰，以中部為主要產地，而南屯的農地面積最大，因此黃麻產量高居台中第一，每年春末夏初之間是最適合麻芛生長的時節，常可在南屯鄉間看到麻芛搖曳的身影。

南屯為台中盆地最早開發的聚落，早期因墾殖的需要，鑄造犁頭、農

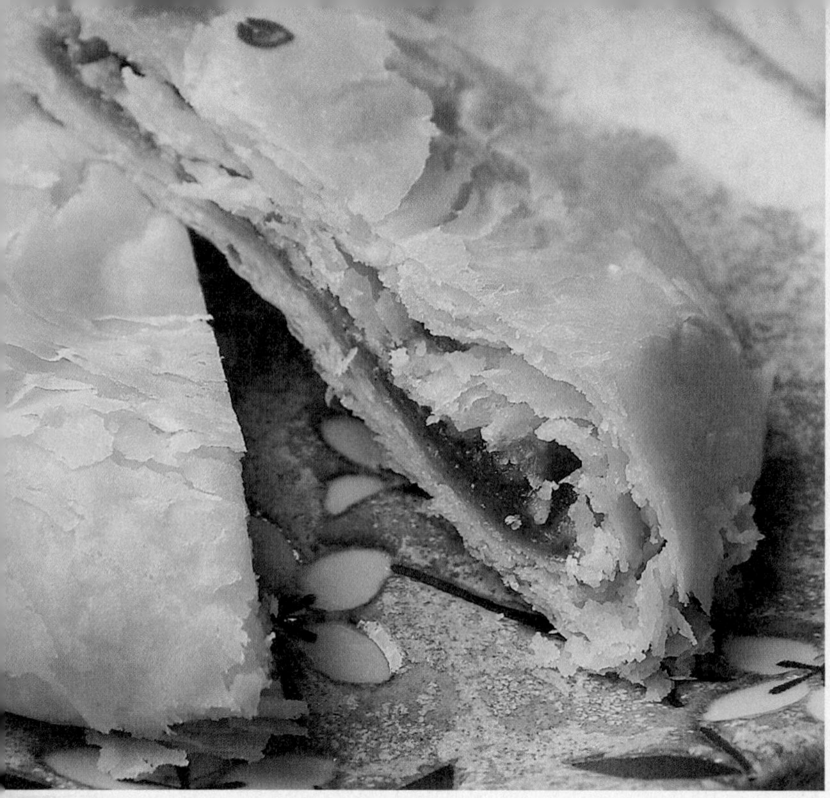

麻芛狀元糕擁有芥末綠的色澤。

麻芛太陽餅同時具有麥芽潤喉及麻芛消暑退火的雙重功效，是一相當健康的食品。

具的打鐵店林立，而舊稱「犁頭店」；林金生香餅行即位在有「台中第一街」之稱的萬和路上。為響應發揚南屯的麻芛文化，以及期許老店能再創新突破，第四代陳富美開始試著將麻芛融入太陽餅的製程中。

「起初並不是很順利，關鍵在於麻芛一遇到光，便會因葉綠素流失而褪色；加上味道嚐起來略帶甘苦，要不是看在麻芛具有豐富β胡蘿蔔素、維生素等高營養價值的份上，還真想打退堂鼓……」陳富美指出經過漫長一年多的實驗，終於在二〇〇三年成功推出麻芛太陽餅，讓混合了麥芽的麻芛餡，吃起來有如喝茶般入口回甘，也中和了麥芽本身的甜味，成為別處品嚐不到的獨特美味。

哪裡買

林金生香餅行

地址：台中市南屯區萬和路一段94號
電話：（04）2389-9857
價格：420元／盒（12入）

目前南屯碩果僅存的百年老餅店，為林旺生於清同治5年（1866）創立，起初以製麵為主，第二代林阿塗人稱「麵龜阿塗」，則以製作麵龜和各類糕餅聞名，目前由第五代負責。麻芛相關產品不只有太陽餅，還陸續推出狀元糕、松子酥以及包子、饅頭等。

卦山燒

我尤其喜歡紅豆口味，飽滿的內餡搭配香軟的雞蛋麵餅，既在滋味流轉間，觸動我昔時遊歷日本的味覺記憶，也從視覺意象上，領略到在地卦山燒的獨特風情！

做成圓形與楓葉造型的卦山燒。

八卦山是彰化市最有名的風景區，曾是彰化八景之首，其上有一尊高達二十三公尺的大佛，是彰化市的地標及象徵。每回來到彰化市，我都喜歡上八卦山走走，也許是這裡的文風及悠久的歷史，讓人感覺彷彿行走在日本京都的「哲學之道」。此外，登臨山頂可以近覽全市街景，下了山之後，還能順道至義華買個「卦山燒」，當作到此一遊的見面禮。

這家餅店與豐原的義華餅行同名，深入了解才知道兩家是兄弟關係。不過，儘管兩者同名，產品卻各不相同：豐原以鹹蛋糕聞名；彰化的義華則以地方歷史與人文采風為特色，開發出一系列彰化名產，其中以八卦山為名的「卦山燒」最具代表性。

擷取日式手法　演繹在地采風

「什麼是燒？既然以八卦山為名，為何不直接取大佛的外形，像日本的人形燒取七福神的形象一樣？」我向老闆提出了疑問。

第二代老闆楊志川說：「『燒』日文稱為やき，就是在烤盤鑄模上倒入麵糊和內餡後，合起來直接在火上烤；由於烘烤時間短，必須在三分鐘以內完成，所以最能保留營養成分而不流失，是一種古老唐菓子的烘焙方法。至於外形，則因考慮大佛是受人崇敬膜拜的對象，做成可食的產品似乎不妥；而八卦山雖不產楓樹，但取楓葉的形體是用以表示山上樹多，於是有了圓形和楓葉兩種造型。」

卦山燒是以比例恰到好處的麵粉與雞蛋為原料，再慢火烘焙到表皮呈現金黃色澤而成，內餡口味有紅豆、牛奶、綠茶三種。（圖片提供／義華國際食品）

這項具有濃郁日式口感的「卦山燒」，口味分有紅豆、牛奶、綠茶三種，原是第一代楊勝隆的作品，直至一九九二年楊志川接手後，才以此作為企業品牌形象，著手量產，成為彰化的地方名產。我尤其喜歡紅豆口味，飽滿的內餡搭配香軟的雞蛋麵餅，既在滋味流轉間，觸動我昔時遊歷日本的味覺記憶，也從視覺意象上，領略到在地卦山燒的獨特風情！

哪裡買

義華國際食品
彰化店／彰化市民生路152號
（04）722-3989
價格：85元／包（10入）
前身為豐原的「秋月堂菓子鋪」，1949年楊勝隆於彰化另行創立，1995年改制為國際義華食品有限公司，在第二代接手後，推出一系列地方特色伴手禮。除知名的卦山燒外，還有慶祝彰化建縣280週年，用彰化縣出產的糯米、雞蛋研發而成的「半線黃金燒」，是以具蛋奶酪香味的金黃色外皮，包裹著麻糬及健康黑豆的特色產品。

嘉義方塊酥

麵皮不用捲，改用「折」；不做圓，改成「方」，從大陸北方燒餅改造而來的方塊酥，得靠反覆多次擀麵皮和折麵皮的手工細作，加上慢火烘焙的耐心等待，才能成就一口層次豐富的酥脆香！

恩典方塊酥的酥、香、脆口感，來自於折疊成200多層的製作技術，現今共有11種口味。

方塊酥是我從小就知道的嘉義名產；姑姑家住嘉義，我們回雲林時最常順道拜訪她，因而對嘉義的文化路夜市、火雞肉飯以及方塊酥都感到相當親切與熟悉。

一下嘉義交流道，便可看到北港路兩側方塊酥名產之戰打得火熱，琳琅滿目的招牌讓人眼花撩亂，主要有「恩典」、「老楊」、「雪花」三家競爭這塊大餅。如果以版圖來說，老楊最大，尤其這幾年講求企業化經營並著重行銷包裝，能見度大增，銷售通路擴及一般的超市、量販店等；不過，若論及方塊酥的元祖以及口感，我則首推恩典；而雪花是最年輕的品牌。

改良自北方燒餅的酥脆點心

方塊酥源於素有「麵食街」之稱的民國路，創始老店——恩典方塊酥本鋪原位於此，現因改建拆遷，而移至中山路上。早期民國路一帶多為眷村，許多從大陸來台的退伍老兵在此開店設攤，專賣南北各式麵食、小吃，方塊酥的發明人黨長發，就是從改良北方燒餅入手，而得出這款小點心。

但，究竟方塊酥與燒餅的做法有何不同？

「二者做法相似，都是以麵粉、奶油或豬油、芝麻及糖等原料烘焙而成，只不過方塊酥的麵皮是採折疊的，燒餅是包餡後用捲的，這是一個

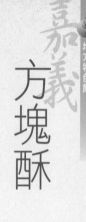

一口咬下，馬上能感受方塊酥多層次的酥脆。（圖為恩典的產品）

切割好的方塊酥送入烤箱，需烤上大約45分鐘才能出爐。

老楊的方塊酥體積比恩典小，但每片都有獨立包裝。

老楊各式的方塊酥包裝，強調地方特色，上有嘉義采風的文字敘述。

觀念上的改變。再來配料及水麵的比例調和也是不一樣的，製作方塊酥時，需要隨著氣候、溫度與濕度隨時調整；而燒餅就不那麼講究。」第二代黨惠群強調，方塊酥之所以如此香、脆、酥，其最大關鍵就在於麵皮反覆折疊成二百四十三層的神奇作工。

恩典方塊酥至今仍堅持以手工製作，「原本在一九七九年，為了加速生產，我們擴大了生產線，全台設有三百個經銷點，還上電視打廣告，但由於點太多、送出去的貨很久才能抵達，加上我的產品不放防腐劑，導致品質下降。於是在一九八四年放棄量產，和我父親回歸手工製作，原本員工兩百多人也精簡成三十人左右。」黨惠群提及這一段往事，表示並非他不想試著去改變，而是經驗告訴他，維持住品質才是最重要的一件事。

「老楊」異軍突起形象新

創立於一九七九年的老楊，可說是恩典方塊酥最大的競爭對手，雖然恩典擁有創始者的優勢，但近幾年老楊積極打造地方特產的形象向全台進攻，以爭取市場認同，曾有朋友不諱言的說：「如果是自己吃，我會買恩典；如果要送人，就會買老楊的。」可見，老楊也受到特定消費族群的支持。

老楊不僅在口味上一直推陳出新，還加入養生的健康食材，如蓮子、

哪裡買

恩典方塊酥
本店／嘉義市中山路 221 號　(05) 228-0221
北港店／嘉義市北港路 1491號　(05) 238-7898
價格：50元／包

老楊方塊酥
站前店／嘉義市中山路506 號　(05) 222-4619
中山店／嘉義市中山路249號　(05) 227-5121
概念店／嘉義市中山路45號　(05) 274-4585
北港店／嘉義市北港路1430號　(05) 238-6077
百貨專櫃／台北車站微風百貨、台北新光三越新天地A11館、台中中友百貨
價格：骰子方塊酥45元／包

恩典第二代黨惠群以堅守家業為職責。

老楊近年重整形象招牌，以地方伴手禮自居。

山藥、紅棗、竹炭等，以及增加夾心包餡的口味，產品多樣而花俏；最重要的是，結合在地元素的精緻包裝，搭配起「好擔路，送禮趣」等文宣，讓傳統方塊酥走出嘉義市，跳脫一般零食的角色。其中六個一組的名勝禮盒，分別以水彩手繪阿里山小火車、神木、櫻花、吳鳳廟、交趾陶、原住民等嘉義地方特色，從產品包裝一直到門市擺設，都看得出老楊力求突破的企圖心。

「恩典」傳承口味常感恩

面對市場強大的競爭壓力，恩典的黨惠群充滿自信的說：「我們不放防腐劑、且是老闆自己在做，這是我們與他人的最大不同。」因此，這二十幾年來，不管別人怎麼做，恩典始終如一，不批發、不寄賣，只在北港路有家分店，方便外地客人可下交流道直接購買。

「現在的我只想好好守住自家產業；因為這是我父親發明的，我要傳承且堅持品質，並不以賺錢為目的。有一位記者告訴我，他的母親以前是恩典的員工，從小他就是吃母親帶回的餅長大的，一直到現在四十歲了，吃到的方塊酥，味道還是和以前一樣，我聽了眼淚都快掉下來了。既然有這麼好的客戶，我更是要用心守護我父親的口味。」

在黨惠群心中，如果沒有恩典，就沒有方塊酥了；至少恩典的存在，讓大家知道方塊酥有多好吃。「既然有那麼多人模仿我們，我再不做，就真的對不起客戶了。」

打狗酥（麥芽酥餅）

雖說不過就是一種酥餅，但尺寸縮了一點、奶油少用一點，還添加富含各種營養素的胚芽粉，完全迎合現今的健康養生概念；更重要的是，以源於平埔族語的古早地名來命名，在懷舊氛圍中傳遞在地文化。

打狗酥除了有口感細緻的酥皮外，還加入健康養生的胚芽。

台灣地方特色餅的做法，基本上可分為兩大類，一是與當地農產品結合，另一則是取地方文化入餡。

如果要我推薦具有高雄特色的餅，我會選以高雄舊稱「打狗」為名的「打狗酥」。理由無他，因為這種餅的創始者——舊振南，是一家認真做餅的老餅店。

老字號新思維　老地名新餅食

雖然舊振南最初的發跡地在台南，但卻是在高雄發揚光大。現任老闆李雄慶原本從事建築業，由於深刻感受到一小顆餅中所包含的情意禮數以及分享的喜悅，一九九六年毅然決然投入糕餅行列，以蓋房子的嚴謹精神轉戰舊振南這家百年老店，重新擦亮原已被世人遺忘的老字號，獲得消費者的肯定。

「打狗酥」說穿了只不過是一種以麥芽作餡的酥餅，但到了老闆李雄慶手裡，卻轉換為地方伴手禮，實因他具有文化創意的新思維，會替產品找定位、說故事。「選擇酥餅的理由，首先考慮到的是外形，因為圓形代表圓融與包容；再來是食用的對象。『打狗（Takau）』是高雄的舊地名，以此為名的打狗酥是屬於懷舊商品，加上酥餅對老年人來說比較好就口，因此有了這項產品的構想。」

於是縮小酥餅的尺寸、減少奶油的使用，增加了富含維他命B1、B2、

「打狗」一詞，源於旗後半島上原住民馬卡道族（Makatau）打狗社（Tankoya）古址的舊稱，以此為餅名，是想喚起高雄人對故鄉的認識。

B6、菸鹼酸的胚芽粉，一項強調以健康養生為訴求的「打狗酥」，便於二〇〇六年誕生了，且於該年入選高雄十大伴手禮。

這項產品不僅讓年輕一輩的高雄人更加了解自己生長、居住的地方，也因為符合健康養生概念、沒有負擔好就口，成了高雄人的新寵兒。不過，餅名「打狗酥」卻得不到北部客人的青睞，由於文化認知上的落差，認為「打狗」一詞送禮的觀感不佳，餅店只好忍痛改名為「麥芽酥餅」了。

哪裡買

舊振南餅店

高雄中正門市／高雄市中正四路84號
（07）288-8202

高雄鳳山門市／高雄縣鳳山市光遠路342-2號　（07）742-9477

台南門市／台南市東寧路243號
（06）238-7666

專櫃／台北SOGO忠孝館&天母店、台北新光三越新天地A11館、台北誠品松菸、台北晶華、中壢SOGO、台中新光三越、台南新光三越新天地、高雄SOGO

高鐵／台中站、嘉義站、台南站、左營站

價格：原味300元／盒（8入）

藏金棗

當我一刀切下時，看到了中間圓潤飽滿的金棗，那種吃得到完整果實的口感，不是一般糕餅所能比擬的；加上酸甜的蜜汁、有嚼勁的脆度，讓人不禁嘖嘖稱讚……

原味與竹炭兩種藏金棗口味。

由於宜蘭地區得天獨厚的環境與氣候條件，金棗在此成為獨步全台的特產，與鴨賞、膽肝、蘇澳羊羹並列為「宜蘭四寶」。雖然金棗可以連皮帶肉吃，且富含維生素C及檸檬酸，對人體有益，但因果皮甜中略帶苦味、果肉又偏酸，所以加工製成蜜餞成了宜蘭的一大特色；每每我在喉嚨不舒服的時候，都會想到以金棗來潤潤喉。

先前，儘管已知道金棗可做成金棗蜜餞、金棗茶、金棗膏、金棗酒等五花八門各類產品，卻很少聽說有別具特色的金棗餅。直到我吃到宜蘭餅食品公司的「藏金棗」，才如願以償。

完整金棗藏餡中　酸甜適中味無窮

有別於其他產品都是將金棗切碎入餡，「藏金棗」強調是用完整一顆來製作，雖然這項產品於二〇〇四年就已推出，但因大家的焦點都鎖定在超薄牛舌餅，所以相形之下，較少為人知悉。二〇〇九年年初得到「台灣百大觀光特產」糕餅類的首獎，才讓許多人進而認識它。

以典雅金色作為包裝主色的「藏金棗」，分成藏金（原味）、竹炭藏金兩種口味；餅皮各呈金黃、黝黑二色。內餡除了一整顆金棗外，還以鳳梨冬瓜醬包覆。老闆娘周舫仙說：「我們使用的金棗是宜蘭當地生產的，而非大陸進口，如此香氣才夠；就像是三星蔥一樣，南部的蔥很嗆、但香味不夠，做出來的味道就有不同。」

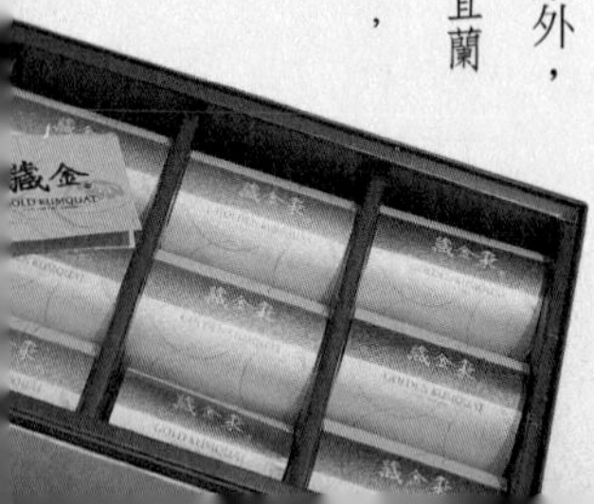

以典雅金色作為包裝主色的「藏金棗」。

內餡除了一整顆金棗外，還以鳳梨冬瓜醬包覆。

為了讓每一口都吃得到金棗，老闆娘強調果實要選擇大粒一點的，且不可以過熟，如此浸過蜜後的酸度和甜味才會剛好。果真，當我一刀切下時，看到了中間圓潤飽滿的金棗，那種吃得到完整果實的口感，不是一般糕餅所能比擬的；加上酸甜的蜜汁、有嚼勁的脆度，與酥鬆奶香的餅皮搭配得恰到好處，讓人不禁嘖嘖稱讚，可說是宜蘭最有地方特色的餅了。

農曆春節前後，正值金棗成熟期，黃澄澄的果結實纍纍，極帶喜氣，我家便常拿金棗盆栽當作過年的擺飾。下一次，神明桌上改擺一盒「藏金棗」，相信也能吉祥如意、富貴年年！

哪裡買

宜蘭餅食品公司

總店／宜蘭縣羅東鎮純精路二段130號
（03）954-9881
羅東光榮店／宜蘭縣羅東鎮光榮路326號
（03）960-6188
宜蘭中山店／宜蘭市中山路三段206號
（03）932-5189
宜蘭礁溪店／宜蘭縣礁溪路五段106號
（03）988-5188
百貨專櫃／台北SOGO復興館
價格：550元／盒（12入）

以製作一系列結合鄉土特產的新糕餅為使命，因此命名為「宜蘭餅」，包括超薄牛舌餅、軟式牛舌餅、玉露Q餅以及手工糕點等。其中手工糕點中的「五鐙餅」，是2008年新推出的產品，分別是芙蓉奶酥、金鑽玉露、香蘭三寶、黑豆軟玉與芋泥奶黃五種口味，內容會依現貨狀況而略作調整，有「五福臨門」、「五子登科」之吉祥寓意。

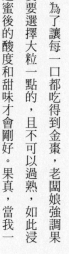

花蓮薯

流傳了一世紀之久的花蓮薯，是日本和菓子製作技術與台灣地瓜的美妙邂逅：簡單俐落的材料、並不繁複的做法，卻在工序細節處講究；於是平凡樸實的外觀下，有著歷久彌新的天然風味。

惠比須餅鋪重現花蓮薯古早的茅草包裹，讓喜歡懷舊商品的消費者，多了一項新選擇。

如果有人問起花蓮的代表性特產是什麼？我想，說是冠以地名的「花蓮薯」，應該沒有人有異議。

「花蓮薯」，指的是一種幾乎全以地瓜做成的點心，早期稱為「餡子芋」，可說是日本殖民台灣留下的產物之一，創始店是位於花蓮市中華路上的「惠比須」，由日人安富先生於日治初期所創設。

保存地瓜天然風味的和菓子

這種很有特色的和菓子，既不添加麵粉，也不另外包餡；做法是先將地瓜蒸熟、去皮，絞成泥狀、加入糖、些許白豆沙一起攪拌，再加以蒸煮、手搓成形，外表塗上蛋汁，烘烤四十五分鐘完成。輕咬一口，立即能感受到地瓜鬆軟香綿的滋味。

雖然步驟並不複雜，但是地瓜的品質卻影響著口感的好壞，惠比須張家第三代老闆張舜彬指出：「當年為了研發出獨特的花蓮薯口感，試過眾多地瓜品種都不滿意，最後特地從日本引進台灣接枝，花了三年的時間才實驗成功；而今我們使用的是台農六十八號地瓜。」

從尊貴貢品到鐵路觀光名物

經過張舜彬老闆的解釋，我不再小覷外表看似平凡的花蓮薯，對於花蓮薯何以會在日治時期榮獲各項比賽獎牌，也能理解幾分。不過，儘管

現今花蓮薯體積縮小為原來的1/4（約1兩重），還不惜成本添加日本海藻糖，使甜度下降。

這股香甜滋味深受日本人喜愛，而且惠比須還曾是台灣唯一被指定製作花蓮薯、獻給日本天皇的糕餅店，但要到一九七九年北迴鐵路通車後，花蓮薯才聲名大噪，一舉成為花蓮觀光的名產；雖然現在已很難想像當年「花蓮港名物」風靡一時的盛況，但從店裡細心保存的包裝紙、攪拌地瓜所用的用具以及各色獎牌，件件猶如鎮店之寶，印證著歷史走過的痕跡。

走在花蓮市街上，多的是販賣花蓮薯的店家，但我獨獨鍾情於惠比須；不只因為它是創始店、牌子最老，還有它至今仍堅持先將地瓜蒸熟，再以手工去皮的工法，而能保有濃郁的地瓜香味。

哪裡買

惠比須餅鋪

地址：花蓮縣花蓮市中華路65號

電話：（03）832-2856

價格：130元／包（14入），
茅草包裝60元／包（3入）

原店名為「惠比須屋商店」，為日人安富於明治33年（1900）所創設。目前店裡除了花蓮薯之外，相關產品還有花蓮芋、蜜番薯、芋心番薯、麻糬餅等，其中帶有香濃芋頭味的花蓮芋，足以媲美花蓮薯，成為店內兩大強銷產品。

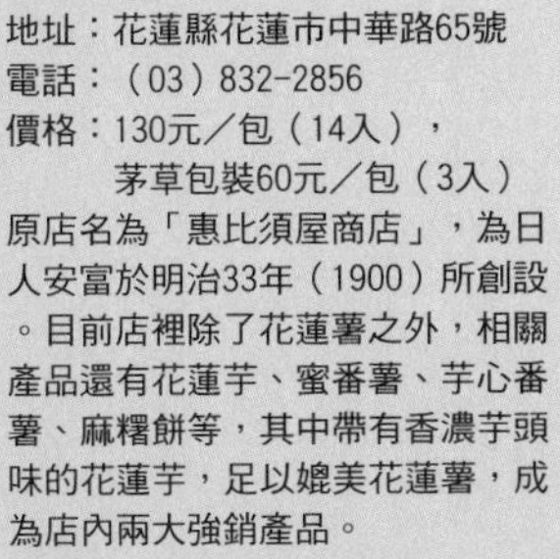

唱片餅

在烤得金黃的乾麵包上，以不同原料的果醬繞出螺旋狀的紋路，像是唱片旋轉的音軌，滋味、顏色各不相同，彷彿是一張張播送著不同曲風的黑膠唱片，有酸、有甜、有鹹……

螺旋狀的果醬紋路，像是唱片旋轉的音軌。

如果和我一樣是五年級生，一定對於小時候吃過灑有砂糖的乾硬吐司不會感到陌生，香甜酥脆的扎實口感、加上喀吱、喀吱作響的糖，曾在幼小心靈留下很美好的回憶。

花蓮豐興餅鋪第三代的鄭富益，就因著這項童年的美味記憶，研發出令人耳目一新的「雷古多」唱片餅。

懷舊滋味翻新意　怪異名稱酷造型

鄭富益老闆說，「雷古多」是乾麵包與黑膠唱片的合體，兩者都是懷舊的代名詞；二〇〇〇年推出時正逢哈日風盛行，他乾脆用唱片Record的日文發音Rakoto命名，以迎合時下年輕族群好奇又愛時髦的個性。

目前已研發出多種口味，包括蘋果、櫻桃、義式咖啡、蒜香、芒果、檸檬、藍莓、荷蘭芹、桑椹等，並以不同原料的果醬，在烤得金黃的乾麵包上繞出螺旋狀的紋路，像是唱片旋轉的音軌一樣，滋味、顏色各不相同，彷彿播送不同曲風的黑膠唱片，讓人吃得滿足。

我最喜歡的是香濃的蒜香口味，蒜味十足，加上閃亮的冰晶砂糖，一口咬下，酥脆的麵包讓人大呼過癮。不過，一個唱片餅直徑約二十三公分大，厚約一點七公分，吃起來不怎麼方便，曾有人建議老闆不妨切成小塊小塊以方便食用；但我覺得還是一大塊掰著吃比較有吮指回味的快感，而且好東西又能與好朋友分享！

名稱奇怪、造型又超炫的雷古多唱片餅，是「乾麵包」與「黑膠唱片」的合體。

哪裡買

豐興餅鋪

總店／花蓮縣花蓮市中華路296-2號　（03）832-3436
分店一／花蓮縣花蓮市中華路107號　（03）835-2606
分店二／花蓮縣花蓮市國聯一路57號　（03）832-9455
價格：70元／片，210元／盒（3入），560元／盒（8入）

創設於日治昭和13年（1938）的豐興餅鋪，是一家讓花蓮人引以為傲的餅店，展現的是勇於嘗試的創新精神。每一代都有傑出的創意產品出現，第一代鄭鐮波以「白鳳豆小月餅」奠定基礎，第二代鄭榮章運用小米研製「粟糬」，並以原住民語「杜侖」命名，第三代鄭富益則研發「雷古多」唱片餅，每次出擊都受到市場肯定，也因此讓豐興成為花東地區名氣響叮噹的老店。

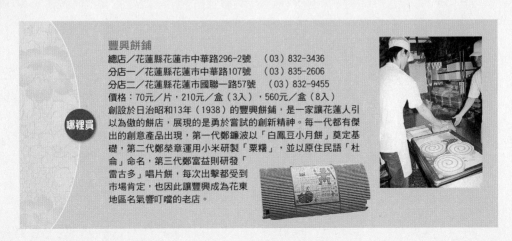

冬瓜膏

台灣本島少有純以冬瓜為餡的餅食，因此第一次在澎湖吃冬瓜膏的時候，我還抱著戰戰兢兢的心情；想不到口感卻出奇的好，鬆軟的冬瓜內餡甜而不膩，頗為清淡爽口呢。

一個個以手工捏製的冬瓜膏，每一個形體都不相同。

一過了九月，東北季風吹起，就可以明顯感受到澎湖強大的風力。記得有一年為了節省旅費，在那個時節租了輛小摩托車，在島上到處跑，雖然夏日豔陽的酷晒不再，但是風力強勁到令人招架不住，我那戴著隱形眼鏡的雙眼簡直無法張開……

不過，就是因為澎湖風大、雨少，所以擁有許多特色農產品，例如適合在乾旱地生長的各種瓜類，強風將多餘水分揮發掉，瓜果因此特別清香甘甜；而風味特殊的冬瓜，配上酥鬆的餅皮，就是澎湖受歡迎的一款糕餅——冬瓜膏。

就地取材　澎湖古早味月餅

有人說冬瓜膏像似太陽餅，我卻覺得它比較像早期傳統的番薯餅，雖然表皮層層酥脆，但口感偏硬，與太陽餅大異其趣。在台灣本島，冬瓜醬大多是與鳳梨調和做成鳳梨酥內餡，少有純以冬瓜為餡的餅食，因此第一次吃冬瓜膏的時候，我還抱著戰戰兢兢的心情；想不到口感卻出奇的好，鬆軟的冬瓜內餡甜而不膩，頗為清淡爽口呢。

我想，這就是造物者對於澎湖的恩賜吧！由於當地氣候、環境惡劣，許多物資必須倚賴台灣本島進口，做餅所需的原物料成本相對提高，所以吃餅可不是澎湖早年人人都能享受得到的，更別說擁有豐富變化的餅食種類。

以澎湖當地農產品製成的冬瓜膏，帶有特殊清香。

而就地取材做成的冬瓜膏，具有冬瓜清熱解毒的優點，適合澎湖炎熱的氣候，過去也是澎湖人傳統所吃的中秋月餅，「不過，現在年輕人多上網訂購月餅，由台灣宅配過來。」盛興餅店的老闆朱宏鈦說，冬瓜膏的歷史由來已久，在日治時期還得過獎，但如今網購、宅配的方便性，更加緊縮原本就不大的澎湖傳統餅食市場，所幸冬瓜膏的特殊清香，仍是讓老一輩人難忘、觀光客嚐鮮的道地澎湖味。

哪裡買

新清泰餅鋪
地址：澎湖縣馬公市中華路5號
電話：（06）927-2666
價格：150元／盒（12入）

泉利食品行
地址：澎湖縣馬公市民權路84號
電話：（06）927-2280
價格：150元／盒（12入）

盛興餅店
地址：澎湖縣馬公市仁愛路36號
電話：（06）927-3050
價格：130元／盒（12入）

鹹餅

這一塊塊「貌不驚人」的小小鹹餅，蘊藏著盛興餅店百年不傳秘方。雖然原料只不過是簡單的麵粉、蔥、豬油、胡椒、芝麻、糖、鹽等，卻同時擁有甜、鹹、香、辣、酥、脆、鬆等出乎意料的多種口感。

鹹餅為盛興餅店所獨創。

在我的採買清單中，每次到澎湖旅遊必買的伴手禮，除了黑糖糕、冬瓜膏之外，還有一大包才賣六十元的「鹹餅」，可說是「俗又擱大碗」；我曾在盛興餅店看到一位婦人一買就是好幾箱，一點都不手軟。

到底外貌平凡無奇的鹹餅有什麼魅力呢？

這一塊小小的鹹餅，可說是盛興餅店朱家五代祖傳的秘方。雖然原料只不過是簡單的麵粉、蔥、豬油、胡椒、芝麻、糖、鹽等，卻同時擁有鹹、甜、辣、鬆、酥、脆等多種口感；也正因為這股獨特的滋味，還曾獲得老總統蔣介石的垂青，名噪一時。

選料精細　因應季節調比例

鹹餅之所以風味十足，是因多年來始終堅守原料比例與配方，並嚴選材料，例如蔥是選在地香氣較足的珠蔥，豬油則是當地每天現炸的新鮮貨。至於擁有層次分明的豐富口感，則完全要歸功於餅皮一層又一層對折的細膩做法，「早期是以手工進行，但現在鹹餅都是機器製作的。我們的優勢就在於原料用得好，色香味俱全，口味還隨著季節稍作改變；冬天因天氣較冷，所以胡椒粉放得多，鹹餅的口味也較辣。」這正是盛興鹹餅無可取代的原因，即使現今馬公街上多的是販售鹹餅的招牌，但大家仍難忘懷創始老店獨領風騷的滋味。

小小一塊鹹餅，卻同時擁有鹹、甜、辣、鬆、酥、脆等多種口感。

盛興餅店第五代的老闆朱宏鈫強調，原來祖傳的鹹餅是直徑約十公分大小的圓形，約在一九六〇年代，澎湖旅遊事業開始發展，其父親朱文杰為因應這股觀光潮流所帶來的商機，而改良成約寬三點五公分、長五公分的長方形餅，如此一來不僅改善以往圓形容易震碎的缺點，輕便的紙盒取代鐵盒後更是方便攜帶，自此將盛興鹹餅推向觀光舞台。

這種具有澎湖風味的鹹餅，別處模仿不來，特殊的鹹辣味道更是有別於時下流行的餅乾，因此總是讓我一口接一口，越吃越順口；也由於鹹餅大受歡迎，盛興目前已轉型為特產店，專心製作觀光伴手禮，而不再生產其他糕、餅、粿，不禁讓想一嚐這百年老字號傳統糕餅的我，感到一絲惆悵與惋惜！

哪裡買

盛興餅店

地址：澎湖縣馬公市仁愛路36號

電話：（06）927-3050

價格：60元／盒

第五代老闆朱宏鈫

馬祖酥．芙蓉酥

位處閩東的馬祖為適應自然環境，發展出各種油炸小點心，無論是「酥中帶軟、軟中又帶嚼勁」的馬祖酥，或是「脆而不硬、香中帶甜」的芙蓉酥，都讓人忍不住伸手拈來，吃得滿口甘香酥脆……

馬祖酥吃起來與台灣的「麵粉酥」很像。

馬祖一般給人的印象是戰地前線，物資條件不佳，吃餅對當地居民來說，是一種相對奢侈的享受；儘管如此，卻也發展出各種油炸「酥類」點心，其中與馬祖同名的「馬祖酥」，名氣尤其響亮。

一下飛機，我馬上直奔南竿的「寶利軒」，這是馬祖最有名的餅店，想吃到店裡獨家手工製作的繼光餅，還得一大早來才行，除此之外，就以各式酥類最是誘人。現任老闆高明中解釋，馬祖位置偏北，冬季氣候苦寒，所以當地人喜歡吃油炸食物；加上油炸的酥類可以一次量產、保存時間長，因此成為馬祖點心的一大特色。

「馬祖酥」閩東油炸小點心

來到馬祖非嚐不可的「馬祖酥」，原名為「起馬酥」；對台灣來說，這是馬祖才有的獨特點心，所以一九六四年時任國防部部長的蔣經國先生巡視馬祖時，將之更名為「馬祖酥」，認為如此才更加名副其實。

馬祖酥吃起來與台灣的「麵粉酥」（台南萬川號、舊來發等老餅鋪都有販售）有些類似，但口感更加緊實，原料以麵粉、雞蛋為主，早期還添加油蔥，現在為了讓素食人口也能享用，而捨棄不用。

做法是將蛋、麵粉和成的麵團擀成餛飩皮般的薄片，然後放進油鍋炸至金黃香酥；起鍋冷卻後，再與麥芽糖漿均勻攪拌、壓實、切成小片而成。高明中老闆說：「現在有些店家以烘焙代替油炸，再用機器壓製，

以精純糯米、上等花生所製成的「芙蓉酥」，
其實才是馬祖人的最愛。

真正好吃的馬祖酥是酥中帶軟，軟中又帶嚼勁。

冬季限定商品「麻花」，吃起來酥脆、口感扎實。

雖然如此麵餅的吃油量較低，但往往失去口感，與台灣的麵粉酥沒有兩樣。」他指出真正好吃的馬祖酥是酥中帶軟，軟中又帶嚼勁；寶利軒的產品都是以手工製成，所以產量十分有限。

「芙蓉酥」好吃大過台灣沙其馬

雖然馬祖酥遠近馳名，但高明中透露，馬祖人最愛的其實是另一種「芙蓉酥」，以精純糯米、上等花生所製成，脆而不硬，香中帶甜。

何以名為「芙蓉」？高明中說老一輩人已不知其所以然，但據他推測應該是代表「富貴」的意涵。由於馬祖不產米，必須仰賴外地進口，在物資缺乏的年代，還拿上等糯米來做成點心，是相當奢侈的一件事，所以馬祖人十分珍惜，而視之為豪華的零食。

有人形容芙蓉酥就像是沙其馬，但高明中覺得這簡直沒法比，因為台灣的沙其馬是用麵粉做的，吃起來軟趴趴的，和米製的芙蓉酥有嚼勁的口感實在是差多了。由於芙蓉酥做法比馬祖酥更加複雜，所以產量也更少。

除此之外，還有冬季限定商品「麻花」，約從中秋過

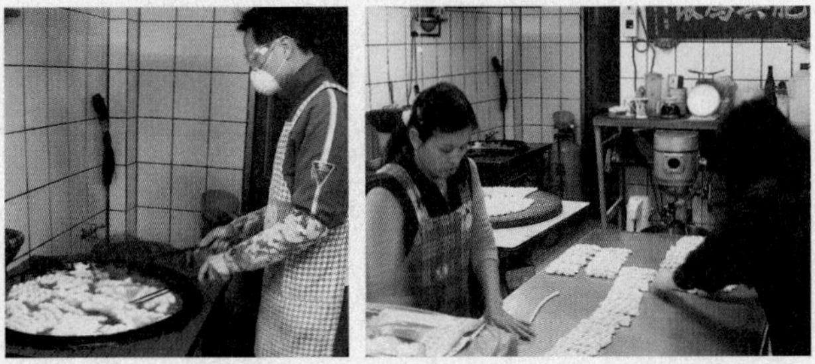

香脆可口的麻花，純以手工製作完成。

後北風吹起一直到隔年三月這段期間才有生產，一天限量五十包。至於為何冬天才做？高明中說：「夏天要做也行，只是品質會不好，除了糖粉容易融化，也較會出油，保存不易。」相較於酥類也是油炸品，為何沒有季節限制？他解釋那是因為有個別包裝，所以才不受限。

這些原本都是流行於閩北一帶的甜食，多以油炸及炭烤為主，與台灣的閩南餅系有所不同；馬祖開放觀光後，因極具地方特色而成為熱門伴手禮。高明中笑著說原本冬季才是生產油炸類食品的季節，現在因為夏天船期正常，觀光客多，銷量反而增多一倍。

馬祖餅店規模普遍都不大，以前要靠天吃飯，祈求貨運船期正常，現在靠著宅配服務，就可以送貨到家，台灣人想要品嚐馬祖的特殊風物，不用親自走一趟也可如願以償了。

哪裡買

寶利軒食品
地址：馬祖南竿鄉介壽村96號
電話：（0836）22128
價格：馬祖酥100元／包（10入）
麻花120元／包
成立於1973年，是目前馬祖第二老的餅店，面對大部分店家都改用機器生產，寶利軒至今仍堅持全部商品皆用手工製作。馬祖酥有原味、黑糖二種；芙蓉酥因人力不足，暫時停產。此外，想吃到冬季限量商品麻花，請於2日前訂購。

天美軒
地址：馬祖南竿鄉介壽村55號
電話：（0836）22257
價格：芙蓉酥100元／包（10入）
是早期即開始製作馬祖酥的老餅店之一，另以紅薯做成的地瓜糖也是人氣商品。

綜合酥的包裝，可一次享有兩種口味。

拜訪篇

糕餅見學DIY

郭元益糕餅博物館

「郭元益」不是一個人名，而是以祖籍漳州堂號「元益」為店名，創立於一八六七年（清同治六年），因「真材實料」奠定了家喻戶曉的好名聲，尤以冰沙餡餅、蛋黃酥、四季糕膾炙人口，經過五代傳承，如今已是全台知名的連鎖糕餅店。

為見證台灣百年傳統糕餅的歷史，二〇〇一年郭元益首先於楊梅廠創設了台灣第一座糕餅博物館，由於相當受到歡迎與肯定，二〇〇二年在士林總部成立二館，四樓有創意烘焙教室及糕餅歡樂廳，五樓則為糕餅文化館。接續，二〇一一年底楊梅廠旁的「綠標生活館」開幕，這是一座將環保教育、糕餅ＤＩＹ教學及樂活休閒融為一體的綠建築。

在創意烘焙教室進行的ＤＩＹ活動，讓人體驗製作糕餅時，與餅皮餡料間敲、捏、塑、掐、壓、揉的「親密」接觸，快樂的和糕餅做朋友。而在等待糕餅烘烤完成的期間，隨著導覽人員的指引，可來到歷史陳列區了解郭元益從一根扁擔發展為企業經營的百年糕餅史——從古早木模、婚嫁禮俗，認識到糕餅與台灣這塊土地深遠的情分。如果參觀的是楊梅工廠，還能目擊排排站的糕餅整齊有序的進入台灣最長的隧道爐內烘烤，然後再一個個從三樓高的冷卻塔頂端溜了下來，是一處分享糕餅生產的私密基地喔！

繞了一圈解說完畢，糕餅也香噴噴出爐了。記得攜帶容器，來把自己親手做的糕餅帶回家，為環保盡一份心力！如果還有時間，不妨參觀一下士林總店門市或楊梅廠旁的「綠標生活館」，門市裡可見餅模上的圖案化身為典雅的背板或是美麗的隔屏，讓現代感十足的空間添加了傳統糕餅的人文氣息。

△楊梅糕餅博物館內的歷史陳列區，展示郭元益各代使用的木模器具。

小檔案

士林館　台北市士林區文林路546號4樓
電話：（02）2838-2700分機457

楊梅館　桃園市楊梅區幼獅工業區青年路9巷1號
電話：（03）496-2201分機1

◆ 營業時間

9:00-17:30（每月第一、三個星期一及除夕、初一、初二休館）

◆ 收費

門票50元（可全額折抵商品消費）；DIY活動費另計，創意糕餅150元。

◆ 預約資訊

活動採事先預約報名；遇節慶另有特殊活動安排。

▷木模圖案化身為一道道美麗的隔屏。

▽郭元益糕餅博物館是一處寓教於樂的地方。

△「小四季」糕仔是餅店的百年招牌。

維格餅家 鳳梨酥夢工場

維格餅家的鳳梨酥為遠近知名的產品，曾在二〇〇六年台北市鳳梨酥評比榮獲人氣金賞獎第一名，也獨家承製二〇一二年正副總統就職典禮的國宴伴手禮，是許多來台觀光客指名必買的名店產品，觸角廣伸海內外。

為讓消費者更加了解具有「旺來」意涵的鳳梨酥文化，二〇一二年位於五股高速公路旁的「鳳梨酥夢工場」正式啟動，此為邀請花博夢想館設計團隊斥資打造而成，以「台灣鳳梨、好運旺來」為主題，希望透過互動科技體驗以及鳳梨酥ＤＩＹ製作，讓來訪的遊客都能充分感受台灣鳳梨所帶來的好運與美味。其中最吸睛的是，一樓入口處兩層樓高的大鳳梨電梯，在「旺來國王」與「蛋黃酥皇后」等公仔的列隊歡迎下，循著十公尺長的「步步高昇」手扶梯而上，緩緩進入鳳梨的核心——一趟色、香、味俱全的鳳梨酥之旅就此展開。

進到裡頭，彷彿來到真實的鳳梨田，不僅聞得到鳳梨的清香，也有蟲鳴鳥叫隨側在旁。當然，最讓遊客駐足的，是隔著一整排透明玻璃的鳳梨酥全自動生產線——它可是維格每日生產上萬個鳳梨酥的祕密武器；除了眼睛看得到，一旁工作人員也會端上熱騰騰的鳳梨酥，讓人馬上嚐到剛出爐的好滋味。繼續參加鳳梨酥ＤＩＹ活動的人，腳步可就此打住，工作人員已備好餅皮與內餡材料等待就位；而不參加ＤＩＹ的人，循著樓梯抵達一樓賣場，即可開始購物之旅囉！

明亮寬敞的賣店販售著各式各樣的伴手禮，且貼心的切成小塊裝在盒子內供遊客品嚐，一旁還提供知名品牌的有機花茶試飲，有得吃、有得喝。目前除了新北市的「鳳梨酥夢工場」外，高雄也正興建另一處觀光工廠，繼續以娛樂性十足的規劃，讓遊客猶如來到遊樂園般，可以輕鬆認識維格多樣化的產品魅力。

△代表鴛鴦綠豆糕的綠豆糕王子公仔。

小檔案

地址：新北市五股區成泰路一段87號
電話：（02）2291-9122

◆ 營業時間
9:00-18:00（全年無休）
◆ 收費
參觀券：50元（可折抵商品消費）；
DIY活動另計，費用200元（製作6塊不同造型的鳳梨酥）。
◆ 預約資訊
採團體預約制（10人以上），請依預約時間前15分鐘報到；
如欲取消預約，請於參觀前三日告知。

△透明玻璃內是鳳梨酥全自動生產線。

△兩層樓高的大鳳梨像似卡通海綿寶寶的家，
是通往夢工場的祕徑。

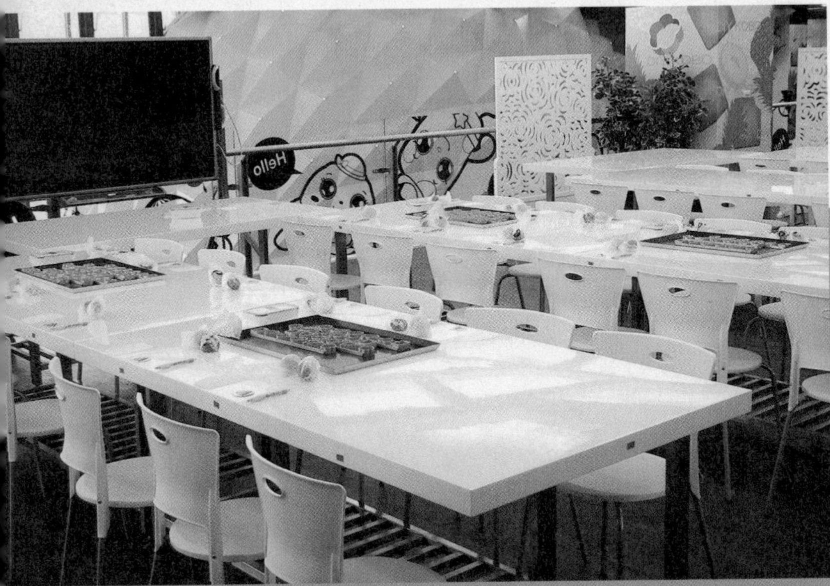

△明亮寬敞的鳳梨酥DIY教室。

△洛神花鳳梨酥的包裝，以各地代表
風景拼組成台灣的形狀。

手信坊
創意和菓子文化館

於二〇一〇年七月盛大開館的「手信坊創意和菓子文化館」，是國內第一家以日本和菓子為主題的文化館，讓人不需遠赴日本，便能體驗到和菓子的細膩和精緻，還可以進一步與台灣傳統糕餅做個異文化比較。

首先，在文化館入口迎接遊客的是一長條的櫻花步道，可以細細瀏覽步道兩側與和菓子相關的知識，包括和菓子分成哪幾種、與台灣麻糬的差別以及和菓子在生活上的應用等，可以了解到和台灣傳統糕餅一樣，在人生重大的節日如滿周歲、成年禮、結婚、祝壽、喪禮等，都少不了和菓子。行走到盡頭，可上二樓進行最受親子歡迎的DIY活動；也可轉個彎繼續參觀室內展示區——除了可從透明玻璃櫥窗看見蛋捲的製作流程，最讓人眼睛一亮的是「日本節令禮俗展示」，為女兒節所布置的人形壇台可說製作得美輪美奐；壓印和菓子所用的各式工具和木模，也令人大開眼界……

最後來到伴手禮區，這裡是展現手信坊品牌精神的所在。手信，是伴手之意；對手信坊而言，就是對消費者守信。手信坊的前身為三叔公食品，以製作傳統麻糬起家，老闆陳世洋因有感傳統和菓子雖形色動人，但往往味覺口感卻不如視覺美感來得吸引人，於是決心賦予和菓子新創意；同時以健康的低糖、少油、高纖、低熱量的輕食手法製作，將台灣麻糬打造成為新一代的和菓子以領導新食尚。

由於文化館動線規劃得宜、展示內容豐富，還有師傅手工現做的創意和菓子限量招待，有吃、有玩、有看頭，難怪二〇一四年榮獲經濟部認證的「國際亮點」優良觀光工廠，這可是全台僅少數六家擁有的殊榮喔。

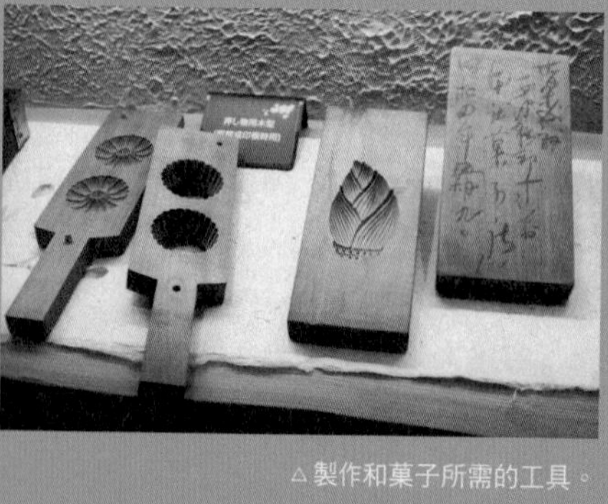

△製作和菓子所需的工具。

小檔案

地址：新北市土城區國際路55號
電話：（02）8262-0506

- 營業時間
  8:30-19:00（全年無休）
- 收費
  參觀免費；DIY活動另計，費用150元（製作1個綠豆糕＋1個大福）。
- 預約資訊
  DIY課程採預約制，請於14天前電話預約。

▷擁有日式風情建築的創意和菓子文化館。

▽除了日本和菓子文化，館內也展現台灣傳統婚俗用品，可做個比較對應。

△最受親子歡迎的DIY活動。

▽琳瑯滿目的伴手禮區讓人流連忘返。

△精緻細膩的和菓子——草餅。

義美見學館

義美食品公司創立於一九三四年，總店位於台北市延平北路上，是許多人生活上的好夥伴，無論是節慶、婚俗、壽誕、祭祀所用的食品，甚或休閒生活點心，往往都少不了「義美」相伴。

二〇〇九年在經濟部政策的輔導下，義美將桃園南崁的廠房空間重新進行規劃，建構為多元化的觀光工廠，集休閒、教育、娛樂目的為一體。義美見學館主要分為「生產、生態、生活」三大區域：專業的生產廠區不對外開放；生態園區不大，內有廢水處理系統、生態池和早期榨甘蔗的農具，事先申請可提供導覽服務；生活園區則是最多遊客造訪的區域，除非是要參加ＤＩＹ體驗課程，否則皆可免費自由參觀。

生活園區的戶外廣場是小朋友的最愛，除了有溜滑梯、滑滑車及古早童玩之外，並展示多項義美早期使用的機具，例如：比一個人還要高的「枝仔冰模型」，聳立在入口處相當明顯；二〇〇七年退休的「牛奶糖煮鍋」，所生產的牛奶糖曾是不少人的童年回憶；以及用來剔除不良品的「光學色彩選別機」等。走進生活館，一樓是相當受歡迎的見學餐廳，供應著港式茶點，由於平價、好吃，因此用餐時間總是人滿為患；地下一樓則是義美產業文化展示區，平台上滿滿的包裝盒可以見證義美生產的足跡，如果你錯過了某一年代，牆上的大事年表，可以對此八十年老店的過往有一概略的認識。

展區的另一邊是ＤＩＹ教室，如果已事先預約申請，將可在此大顯身手，體驗製作餅乾、蛋糕的樂趣；也可到現烘熱麵包展示區，買到剛出爐的麵包。相信藉由實地參訪，可更加了解義美這家「好食品的供應者」用心、實在的態度。

△德國製的牛奶糖煮鍋，二十七年來共生產了16,200,000公斤的牛奶糖。

小檔案

地址：桃園市蘆竹區南工路一段11號
電話：（03）311-7525

- 營業時間
  9:00-21:00（全年無休）
- 收費
  參觀免費；DIY活動費另計，視項目收費150-250元不等。
- 預約資訊
  DIY課程採預約制，每週六、日10:00、14:00各有一場活動，請於四日前電話預約，項目包括小西餅、蛋糕彩繪等。

▷地下一樓的義美產業文化展示區。

△雞卵卷曾是1930年代的台北名產。

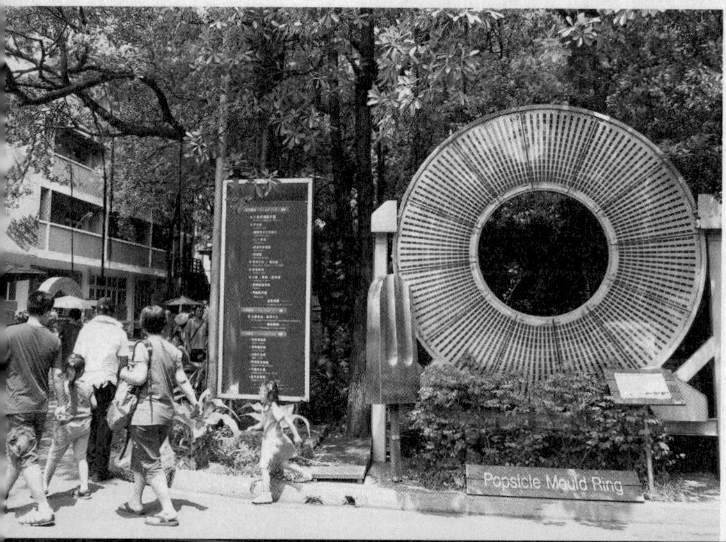

△正在做蛋糕彩繪的親子。

◁像甜甜圈的枝仔冰模型，每一個缺口就可生產一枝冰棒。

△拉著車的可是一台「連續打發機」喔。

◁供應著港式茶點的見學餐廳。

宜蘭餅發明館

「宜蘭餅」是一家約有三十年歷史的老店，二〇〇〇年秋，因超薄牛舌餅研發成功而家喻戶曉。這一款薄如紙片的牛舌餅，顛覆傳統又厚又硬的刻板印象，除了擁有薄脆的口感，更融入低糖無蛋的健康概念，再加上由擔任空姐的女兒做廣告代言，因此產品一推出便廣受歡迎，成為宜蘭最夯的伴手禮。

占地廣達一千六百坪的宜蘭餅發明館，位於蘇澳交流道附近；入口前巨大的龍鳳喜餅木模是一醒目的地標，不怕風吹雨打，日日在門口迎接遠道而來的客人。從一樓入口進去，右邊是復古的「喫餅配茶門市區」，提供各項產品試吃與銷售的服務；左邊則是「開卷有益故事區」，透過牆上簡單的圖文，可知曉老闆劉鐙徽是宜蘭冬山人，自十五歲當學徒展開了他糕餅的生涯——不僅可對宜蘭餅創業的故事有一概括認識，在展區的外圍還可欣賞到老闆畢生所珍藏的糕餅印模，猶如一個小型木模博物館。

循著階梯上樓，入眼所及的是DIY教室，遊客可在短短一小時內，動手創造屬於自己的超薄牛舌餅，每班課程還包含「勁厲害獎」及「最佳發明獎」評選發表。如果不參加DIY活動，沿參觀動線往前，則可一覽牛舌餅公開透明的製作過程——工廠裡有兩條先進的無塵室糕餅生產線及產品研發室，可以看著麵團如何經過機器壓扁成形，再由工作人員一片片整齊排放在烤盤中，不一會兒，空氣中就充滿濃濃奶香味，然後一片片香噴噴的牛舌餅就完成了。

聞著香氣下樓，似乎挑逗了味覺，古色古香的「喫餅配茶門市區」是一處優雅的消費空間，提供各式產品，讓遊客盡情自在地品嚐試吃，再心滿意足地提貨回家……

△超薄的綠薄餅。

小檔案

地址：宜蘭縣蘇澳鎮海山西路369號
電話：（03）990-8869

- 營業時間
  8:30-18:00（全年無休）
- 收費
  參觀免費；DIY活動另計，費用120元（牛舌餅6片）。
- 預約資訊
  採團體預約制，請先來電預約，DIY體驗時間約60-100分鐘（含烘烤）。

▷入口前一支巨大的龍鳳喜餅木模是一醒目的地標。

▽透過「開卷有益故事區」牆上簡單的圖文，可以對宜蘭餅的創業故事有一概括認識。

△DIY教室可體驗動手做牛舌餅的樂趣。

◁古色古香的「喫餅配茶門市區」。

△老闆將其多年珍藏的糕餅印模，展示出來與大眾分享。

附錄一

走過百年風華的歲月

台灣人吃糕餅的食俗，最初是隨著閩、粵二省移民台灣而來，自然也沿襲原鄉的舊俗與生活型態，不過隨著時代變遷、社會經濟進步的影響，傳統糕餅在各個時代、地區有了不同的餅食形式，到底在製作方式、口味與使用上產生什麼改變？影響的背景因素又是什麼呢？

想要了解台灣糕餅的演變，歷史是不可或缺的一環。當我們知道前人是怎麼吃餅、做餅的，也許就更能領會在你我面前飄散的屬於台灣的味道……

唐山過台灣（明末清初－一八九五年）

早期自閩粵渡海來台的先民，能求得一頓溫飽已屬不易，更何況吃餅？因此這時期的點心，多以米製的糕、粿為主。直至清中葉後移民人口增多，生活漸趨穩定、溫飽無虞，才陸續有糕餅店的出現，以應付日益增多的需求；而糕餅的種類也才隨著製作的專業化越趨豐富。

由於原料有限，這時期餅食的種類與口味較為單純，大多是以麵粉加糖製作而成，具有淡淡的甜味，如發酵餅；是為因應早年商旅需長途跋涉，所發展出來的乾糧。此外，內餡僅鋪層薄薄的糖所做成的香餅、麥芽餅，以及大蒜口味的蒜蓉餅（又稱柴梳餅），還有以番薯入餡的番薯餅等，都可說是最初的餅食雛形，簡單而不花俏。

柴梳餅

發酵餅為早期北港商旅香客眾多，所應運而生的餅食。

● 一八六四（清同治三年）

「盛興餅店」創設於澎湖。

● 一八六六（清同治五年）

台中南屯「林金生香餅行」成立於萬和宮旁。

● 一八六七（清同治六年）

「郭元益」由福建漳州落籍於台北士林，並以祖籍堂號「元益」為店名。

● 一八七一（清同治十年）

台南府城歷史最久的餅店「萬川號」創立。

「老元香餅店」創設於宜蘭。

● 一八七七（清光緒三年）

鹿港老店「玉珍齋」創立。

● 一八九四（清光緒二十年）

張林犁創立「犁記」於台中市神岡區社口里。

● 一八九五（清光緒二十一年）

「李亭香餅店」創立於新北市蘆洲。

膨餅

犁記第四代的張煥昇強調，目前犁記的做法是堅守本店，不要自己打自己。

盛興餅店可說是目前台灣最老字號的餅店。

玉珍齋店面始興建於昭和5年（1930），歷時二年完工，共三層樓，占地178坪，為一中西合璧式之洋樓建築，屹立於不見天街十分壯觀。（圖片提供／玉珍齋餅店）

萬川號的香餅

日治時期（一八九五—一九四五年）

一八九四年日本向清廷宣戰，甲午戰爭爆發，隔年清廷戰敗，雙方簽訂「馬關條約」，開啟了日本殖民台灣五十年的歷史；也是台灣糕餅發展最迅速的時期。在日本人的心中，台灣除了具有重要的戰略地位，更是一座資源豐富的寶庫，為取得有效的經濟開發，開始推動一連串的現代化建設與農業改良，對於糕餅業的發展有了一定的助益。

而這段不算短的殖民歲月，自然也把日人的飲食習慣帶入台灣，糕餅點心亦不例外，加上日本師傅來台開店、教授學徒，本地於是有了和菓子、牛奶餅、黑糖糕、鹹蛋糕、羊羹的出現，共同特色為口味大抵偏甜。

以台中豐原來說，其「糕餅之鄉」基礎的奠定，受日本人的影響甚多。日治時期不僅在豐原地區設有麵粉工廠，使製餅的原料取得方便，更以豐原為三大林場的集散地，設有營林所，因此吸引許多日本人來台工作；聰明的豐原糕餅業者遂迎合日本人口味，開發出各式糕點。

此外，日人在台舉辦的展覽活動也相當頻繁，如博覽會、物產共進會或各項糕餅比賽等，也間接促進了糕餅店的蓬勃。除了得獎糕餅因聲名大噪而直接受惠以外，這類活動的舉辦也帶動人潮聚集，讓周邊的商店獲益不少。

● 一八九八（明治三十一年）　新竹「新復珍」餅店成立。

● 一九〇〇（明治三十三年）　呂水（阿水伯）在豐原創立「雪花齋」。日人安富創立「惠比須屋商店」，為花蓮薯的創始老店。

惠比須商店於日治時期用來絞地瓜的手動器具。

製作牛奶餅的銅質模具。

● 一九〇一（明治三十四年）
嘉義新台灣餅鋪前身「日向屋」餅家創立，由吉田秀太郎氏所經營，為嘉義第一家麵包店。

● 一九〇八（明治四十一年）
縱貫鐵路（基隆至高雄）通車，有利於糕餅的流通。

● 一九〇九（明治四十二年）
台北自來水以新店溪為主要水源，設立自來水廠，正式邁入現代化供水系統。

● 一九一七（大正六年）
「黃合發」糕餅店創立於台北萬華。

● 一九二五（大正十四年）
雪花齋的「雪花餅」與「冰沙餅」榮獲「台灣區糕餅展」銅牌獎。

● 一九二六（大正十五年）
鹿港「鳳眼糕」榮獲東京「全國名產菓子調查會」名譽金牌。

● 一九三〇（昭和五年）
嘉南大圳完工，使得耕地面積增加，農作物產量隨之提高，使製餅的原料取得更方便。
台北「十字軒餅店」成立。

● 一九三四（昭和九年）
日月潭第一發電所完工，提供大量廉價的電力，讓糕餅的製作開始以電烤爐取代傳統炭爐。

● 一九三五（昭和十年）
舉辦「始政四十年紀念博覽會」。
義華餅行前身「秋月堂菓子鋪」於豐原火車站成立。
淡水「三協成餅鋪」創立。

● 一九三八（昭和十三年）
「豐興餅鋪」創設於花蓮。

雪花齋的冰沙餅

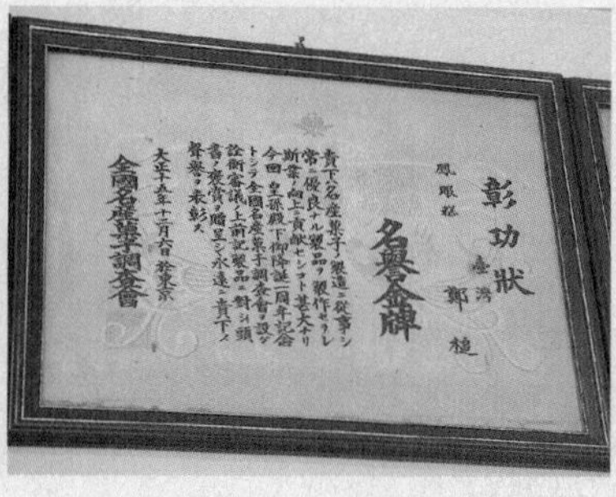

鳳眼糕於日治時期獲獎的獎狀，至今仍高掛於鄭玉珍的店內。

三協成餅鋪

發展與成熟期（一九四五—一九八〇年）

一九四五年八月，日本政府宣布無條件投降，台灣改由中華民國政府組織「台灣省行政長官公署」治理。原先在台開設糕餅店的日人，戰後紛紛撤退，當時店內的學徒，有的仰賴一技之長自行開店，有的則承接店內一切，繼而帶動當地產業成為地方特產。

雖然二次大戰終告結束，但由於戰亂的影響，在物資缺乏、三餐不飽的條件下，糕餅店自然也受到經濟蕭條的衝擊。直到一九六〇年以後，民生物資逐漸穩定，一切才重新開始。此後，可說是經濟快速起飛的時期，人口急速增加，政府為紓解糧食不足的壓力，鼓勵人民食用麵食，也間接促成糕餅業的成長。而餅食種類亦因國民政府遷台帶來許多外省吃食；以及中美聯防西方人大量湧入的影響，使得做法更加多元豐富。

光復初期，台灣的烘焙業均屬於小商店經營，產品種類以中式糕餅為主，西點麵包、蛋糕為輔；直至經濟起飛，一九七九年開放觀光後，才有機會到國外觀摩或是引進新的生產技術、原料及現代化的經營理念，從而大大提升了烘焙業的水準，開展了新的連鎖店經營型態。

- 一九四六（民國三十五年）遷移至豐原糕餅街（中正路）的「秋月堂菓子鋪」，更名為「義華餅行」。
- 一九四九（民國三十八年）盧福於「日向屋」原址重新創業，取名「新台灣餅鋪」。
- 一九五三（民國四十二年）台中「太陽堂餅店」創立，太陽餅一炮而紅。

中西合璧的薔薇紅豆派，做法、口感都讓人耳目一新。

「神木羊羹」是新台灣餅鋪的招牌產品。

一九五五（民國四十四年）

淡水三協成餅鋪向英國領事館的主廚——涂彩和先生習得西方水果派皮的酥脆做法，並於麵粉中加入奶粉，使餅皮擁有金黃色澤及改善內餡香味。

一九五九（民國四十八年）

雪花齋面臨小孩成家、自立門戶的需求，於是一分為二，形成雪花齋與老雪花齋二家。

一九六一（民國五〇年）

豐原的義華餅行推出西洋建築造型的華麗蛋糕。

澎湖盛興餅店將傳統鹹餅改良為小塊的長方形餅，從此推向觀光舞台。

一九六四（民國五十三年）

馬祖的「起馬酥」更名為「馬祖酥」，成為當地特有的地方餅食。

一九六六（民國五十五年）

大甲「裕珍馨餅店」成立於媽祖廟邊巷內。

一九六七（民國五十六年）

先麥的前身「合味香食品店」成立。

一九六八（民國五十七年）

「薔薇派」在豐原信義街開設第一家門市，產品為西式酥脆派皮結合台灣傳統紅豆、綠豆、花生餡料的中西合璧做法。

一九六九（民國五十八年）

呂嵩山離開老雪花齋餅店，另起門戶成立「菊花齋」，形成豐原街上一度三國鼎立的情形。

三協成的冬瓜肉餅

太陽堂的禮盒

雪花齋餅店早期在豐原分有「雪花齋」、「老雪花齋」、「菊花齋」三家由不同兄弟所執管的店。

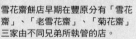

衰退與轉型期（一九八〇年—迄今）

一九八〇年台灣社會進入穩定繁榮的經濟階段，此時影響傳統糕餅有兩大因素，一是全球化，二是本土化。在全球化的浪潮下，使國人的飲食習慣與口味西化，直接窄化了傳統糕餅的市場，尤以西式喜餅的引入對於傳統糕餅業影響最鉅；之後本土化的思維興起，回歸鄉土、重視地方特色，傳統糕餅在週休二日休閒旅遊風潮的帶動下，開始轉型為地方伴手禮，進入另一戰國風雲的時代，各家餅店莫不卯足全力搶攻休閒市場，且積極開發新產品以與地方產業做結合，凸顯餅店的角色定位。

在通路行銷上，除原有的店鋪經營型態，餅店也開始積極爭取於百貨公司設櫃。此外，網路購物與宅配的便利性，大大改變民眾的消費行為，不必出門就能遍嚐各地美食，也讓許多無力擴張或堅守本位的傳統老店增加另一銷售管道。甚且也有餅店將「網購」視為推銷新產品的祕密武器，以與店面中式漢餅的定位明顯區隔。

走過百年興衰起落的傳統糕餅，如今正大放異彩，種類琳瑯滿目；精緻的糕餅文化正足以說明：我們處於富裕、有品味的社會是何等的幸福！

- 一九八七（民國七十六年） 超群喜餅公司引進西式餅乾禮盒，造成一股流行風潮，嚴重瓜分原本屬於漢餅的喜餅市場。
- 一九九五（民國八十四年） 行政院文建會提出「文化產業化、產業文化化」的概念，於是一鄉一特色的口號在各地響起，代表地方特色的新餅食也蜂擁而起。

傳統大餅因2000年復古風潮再現，而重新受到歡迎。

●一九九六（民國八十五年）
先麥推出「芋頭酥」，使大甲鎮有了芋頭故鄉的美譽。

●一九九八（民國八十七年）
三義世奇餅店研發出小巧的「木彫餅」，成為三義吃的名產。

●二〇〇〇（民國八十九年）
「三協成糕餅博物館」成立。
北埔隆源餅行研發出符合健康養生概念的「擂茶餅」。

●二〇〇一（民國九十年）
復古風潮再現，市場回歸中式喜餅。
花蓮豐興餅鋪推出超炫造型的「唱片餅」。
實施公務人員週休二日制度，帶動國內旅遊休閒風潮。

●二〇〇二（民國九十一年）
「郭元益糕餅博物館」於士林店成立。

●二〇〇三（民國九十二年）
林金生香餅行研發出「麻芛太陽餅」，成為台中南屯一地特有的吃食。

●二〇〇四（民國九十三年）
宜蘭餅食品公司以地方特產金棗入餡，獨創「藏金棗」一味。

●二〇〇七（民國九十六年）
舊振南餅店進駐台灣高鐵站。
老雪花齋於台中崇德路開設第一家分店，呈現百年老店再出發的魄力與氣度。

麻芛太陽餅

舊振南餅店老闆李雄慶

三協成糕餅博物館

以綠茶、芝麻、花生、松子仁、葵花子等豐富的材料製成的擂茶餅，更增添養生保健功能。

三義的木彫餅、木頭餅是結合當地文化產業的創意糕餅。

附錄二 推薦餅家資訊索引

※各店家與推薦商品介紹請參閱標示的內文頁數

基隆市

連珍糕餅店 ⇩ 54、64、66
地址：基隆市愛二路四二號
電話：（02）2422-3676
推薦商品：八角糕、糕仔潤、虹片捲、虹片條

李鵠餅店 ⇩ 82、88
地址：基隆市仁三路九十號
電話：（02）2422-3007
推薦商品：鳳梨酥、綠豆椪、咖哩酥

金興麻粩 ⇩ 53
地址：基隆市基隆廟口第六二號攤位
電話：（02）2429-3592
推薦商品：各式粩

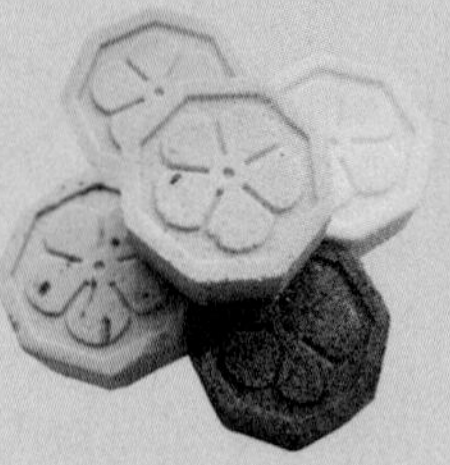

台北市、新北市

郭元益餅店 ⇩ 94
地址：台北市文林路五四六號
電話：（02）2831-3422
推薦商品：冰沙餡餅

維格餅家（旗艦店） ⇩ 82、152
地址：台北市承德路三段二七號
電話：（02）2586-3816
推薦商品：鳳梨酥、墨條酥

佳德糕餅 ⇩ 82
地址：台北市南京東路五段八八號
電話：（02）8787-8186
推薦商品：鳳梨酥

李亭香餅店 ⇩ 94
地址：台北市迪化街一段三〇九號
電話：（02）2557-8716
推薦商品：平西餅、奶酪平西餅

十字軒餅店 ⇩ 149
地址：台北市延平北路二段六八號
電話：（02）2558-0989
推薦商品：鹹光餅

龍月堂糕餅鋪 ⇩ 54、67
地址：台北市延平北路二段一六九號
電話：（02）2557-8767
推薦商品：綠豆糕、鹽梅糕、糯米糕

二和珍餅店 ⇩ 99
地址：台北市康定路三〇八號
電話：（02）2306-1234
推薦商品：蛋黃酥

永和王師父 ⇩ 99
地址：新北市永和區中山路一段二八三號
電話：（02）2920-5376
推薦商品：金月娘

長興餅店 ⇩ 94
地址：新北市板橋區南門街五八號
電話：（02）2968-5741
推薦商品：白豆沙餅、魯肉餅

三協成餅鋪 ⇩ 64、106、139、156
地址：新北市淡水區中正路八一號
電話：（02）2621-2177
推薦商品：冬瓜肉餅、番薯餅、牛肉酥

新建成餅店 ⇩ 112
地址：新北市淡水區公明街四二號
電話：（02）2621-1133
推薦商品：芝麻蛋黃大餅

老順香餅店 ⇩ 54、64、144
地址：新北市新莊區新莊路三四一號
電話：（02）2992-1639
推薦商品：糕仔、鹹光餅

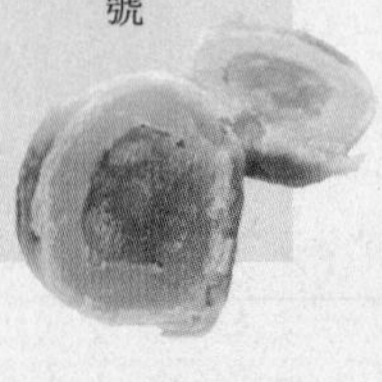

桃園市

永珍香餅店 ⇩136
地址：桃園市大溪區中央路一〇七號
電話：（03）388-2330
推薦商品：番薯餅

新竹縣市

新復珍 ⇩50、106、132
地址：新竹市北門街六號
電話：（03）522-2205
推薦商品：花生粩、竹塹餅、柴梳餅

隆源餅行 ⇩106、136、158
地址：新竹縣北埔鄉中正路十六號
電話：（03）580-2337
推薦商品：番薯餅、芋仔餅、擂茶餅

嘉賓食品行 ⇩158
地址：新竹縣北埔鄉北埔街二十九號
電話：（03）580-2611
推薦商品：擂茶餅、竹塹餅

苗栗縣

金栗城食品 ⇩166、170
地址：苗栗縣苗栗市至公路一〇五號
電話：（037）353-088
推薦商品：肚臍餅、柿柿甜蜜

錦香餅鋪 ⇩171
地址：苗栗縣銅鑼鄉中正路九四之一號
電話：（037）981-101
推薦商品：肚臍餅、杭菊餅

世奇餅店（名產店） ⇩162、171
地址：苗栗縣三義鄉水美路一五六號
電話：（037）879-988
推薦商品：木彫餅、木頭餅、龍騰斷橋餅、桐花餅、肚臍餅

台中市

老雪花齋餅行 ⇩82、88、94
地址：台中市豐原區中正路二二二巷一號
電話：（04）2522-2713
推薦商品：雪花餅、冰沙餅、鳳梨酥

寶泉食品 ⇩94
地址：台中市豐原區中正路一五四號
電話：（04）2522-3077
推薦商品：小月餅

犁記餅店 ⇩88、105、132
地址：台中市神岡區社口里中山路五三〇號
電話：（04）2562-7135
推薦商品：台式月餅、犁蒜餅、麥芽餅

崑派餅店 ⇩100
地址：台中市神岡區社口里中山路五四六號
電話：（04）2562-5575
推薦商品：麥芽餅

裕珍馨餅店（旗艦店） ⇩100
地址：台中市大甲區光明路六七號
電話：（04）2687-2559
推薦商品：奶油酥餅

阿聰師糕餅隨意館 ⇩172
地址：台中市大甲區文武路三八號
電話：（04）2688-3677
推薦商品：芋頭酥

先麥食品 ⇩172
地址：台中市大甲區鎮瀾街一四〇號
電話：（04）2676-2666
推薦商品：芋頭酥、台灣愛餅

俊美食品（大進店） ⇩87
地址：台中市南屯區大進街三〇一號
電話：（04）2325-4335
推薦商品：鳳梨酥、松子酥

日出乳酪蛋糕（旅人店） ⇩87
地址：台中市西區中港路一段三八二號
電話：（04）2311-2001
推薦商品：鳳梨酥、乳酪蛋糕

林金生香餅行 ⇩176
地址：台中市南屯區萬和路一段九四號
電話：（04）2389-9857
推薦商品：麻荓太陽餅、狀元糕

彰化縣

義華國際食品 ⇩178
地址：彰化縣彰化市民生路一五二號
電話：（04）722-3989
推薦商品：卦山燒

玉珍齋 ⇩50、54、60
地址：彰化縣鹿港鎮民族路一六八號
電話：（04）777-3672
推薦商品：鳳眼糕、遊奕糕、豬油粩

鄭玉珍餅鋪 ⇩60
地址：彰化縣鹿港鎮埔頭街二十三號
電話：（04）778-8656
推薦商品：鳳眼糕

鄭興珍餅鋪 ⇩60
地址：彰化縣鹿港鎮中山路一五三號
電話：（04）778-5151
推薦商品：鳳眼糕

玉津香 ⇩143
地址：彰化縣鹿港鎮民生路三〇號
電話：（04）774-6031
推薦商品：七彩牛舌餅

明豐珍 ⇩140
地址：彰化縣鹿港鎮海浴路八四三號
電話：（04）774-2197
推薦商品：牛舌餅

洪瑞珍餅店 ⇩106、134
地址：彰化縣北斗鎮中華路一九八號
電話：（04）888-2076
推薦商品：蜂巢餅、口酥餅

雲林縣

高隆珍餅鋪 ⇩53、106、118、134
地址：雲林縣土庫鎮中山路九八號
電話：（05）662-2760
推薦商品：蜂巢餅、發酵餅、龍鳳一口酥、米粩

錦華齋餅店 ⇩117、118、122
地址：雲林縣北港鎮民主路三三號
電話：（05）783-2070
推薦商品：狀元大餅、發酵餅

長益食品行 ⇩112
地址：雲林縣北港鎮中山路一二六號
電話：（05）783-2346
推薦商品：狀元大餅

嘉義市

新台灣餅鋪 ⇩122
地址：嘉義市中山路二九四號
電話：（05）222-2154
推薦商品：杏仁水晶餅、神木羊羹

恩典方塊酥 ⇩180
地址：嘉義市中山路三三一號
電話：（05）228-0221
推薦商品：方塊酥

老楊方塊酥（站前店） ⇩180
地址：嘉義市中山路五〇六號
電話：（05）222-4619
推薦商品：方塊酥

台南市

萬川號餅鋪 ⇩54、126、130、132
地址：台南市民權路一段二〇五號
電話：（06）222-3234
推薦商品：香餅、古月餅、沙西餅、糕仔

舊來發餅鋪 ⇩82、126、132
地址：台南市自強街十五號
電話：（06）225-8663
推薦商品：香餅、柴梳餅、鳳梨酥

舊永瑞珍餅店 ⇩117
地址：台南市永福路二段一八一號
電話：（06）222-3716
推薦商品：漢式喜餅

高雄市

舊振南餅店（中正門市） ⇩82、88、99、117、184
地址：高雄市中正四路八四號
電話：（07）288-8202
推薦商品：鳳梨酥、綠豆椪、蛋黃酥、打狗酥、漢式喜餅

吳記餅店 ⇩106
地址：高雄市鳳山區光遠路二八四號
電話：（07）746-2291
推薦商品：蝦米肉餅、漢式喜餅、造型餅

宜蘭縣

老元香餅店本行 ⇩140
地址：宜蘭縣宜蘭市康樂路一五八號
電話：（03）932-4370
推薦商品：牛舌餅

長房老元香 ⇩140
地址：宜蘭縣宜蘭市神農路二段八七號
電話：（03）932-3595
推薦商品：牛舌餅

宜蘭餅食品公司 ⇩140、186
地址：宜蘭縣羅東鎮純精路二段一三〇號
電話：（03）954-9881
推薦商品：超薄牛舌餅、藏金棗

花蓮縣

豐興餅鋪 ⇩94、190
地址：花蓮縣花蓮市中華路二九六之二號
電話：（03）832-3436
推薦商品：小月餅、唱片餅

惠比須餅鋪 ⇩188
地址：花蓮縣花蓮市中華路六五號
電話：（03）832-2856
推薦商品：花蓮薯

澎湖縣

盛興餅店 ⇩192、194
地址：澎湖縣馬公市仁愛路三六號
電話：（06）927-3050
推薦商品：鹹餅、冬瓜膏

新清泰餅鋪 ⇩54、193
地址：澎湖縣馬公市中華路五號
電話：（06）927-2666
推薦商品：蓮花糕、冬瓜膏

泉利食品行 ⇩193
地址：澎湖縣馬公市民權路八四號
電話：（06）927-2280
推薦商品：冬瓜膏

源利軒黑糖糕 ⇩68
地址：澎湖縣馬公市仁愛路四二號
電話：（06）927-6478
推薦商品：黑糖糕

春仁黑糖糕 ⇩68
地址：澎湖縣馬公市中正路七巷一號
電話：（06）926-3498
推薦商品：黑糖糕

馬祖

寶利軒食品 ⇩144、196
地址：馬祖南竿鄉介壽村九六號
電話：（0836）22128
推薦商品：繼光餅、馬祖酥、麻花

天美軒 ⇩199
地址：馬祖南竿鄉介壽村五五號
電話：（0836）22257
推薦商品：芙蓉酥、地瓜糖

國家圖書館出版品預行編目資料

我的幸福糕餅鋪 ： 臺味點心50選／張尊禎著.
-- 二版. -- 臺北市：遠流， 2015 .06
224面； 22×17公分. --（Taiwan Style；34）

ISBN 978-957-32-7644-9（平裝）

1. 糕餅業 2. 飲食風俗 3. 臺灣

481 104008013

Taiwan Style 34

我的幸福糕餅鋪 台味點心50選

作　　者／張尊禎

編輯製作／台灣館
總 編 輯／黃靜宜
執行主編／張詩薇
內頁美術設計／陳春惠、丘銳致、張小珊工作室
封面美術設計／張小珊工作室
企　　劃／叢昌瑜、葉玫玉

發行人／王榮文
出版發行／遠流出版事業股份有限公司
地址／台北市100南昌路2段81號6樓
電話：(02)2392-6899
傳真：(02)2392-6658
郵撥：0189456-1
著作權顧問／蕭雄淋律師
輸出印刷／中原造像股份有限公司
□2015年6月1日 新版一刷
定價350元

ISBN 978-957-32-7644-9
YLib遠流博識網 http://www.ylib.com E-mail:ylib@ylib.com

（《台灣糕餅50味：舌尖上的懷舊旅行》增訂新版，原初版2009. 4. 1）